KB039051

문항반응이론 입문

Introduction Item Response Theory

F. B. Baker 저 | **성태제** 편역

학지사

생판 편역자의 글

부모는 자식을 사랑하는 게 자연의 이치이듯 저자는 그가 쓴 책을 사랑한다. 그러므로 저술한 책은 자식과 같다. 공부를 마치고 귀국하여 1991년에 양서원에서 출판한 『문항반응이론입문』이 절판되었다. 잃어버린 자식처럼 마음 한구석에 허전함이 있었다. 정년을 앞두고 여러 일을 정리하는 과정에서 저술한 책들을 언제 개정하였는지, 그리고 앞으로 이 책들을 어떻게 관리할지를 궁리하다, 『문항반응이론입문』을 다시 출간하고 싶어졌다.

Baker가 쓴 책을 University of Georgia의 김석호 교수가 2017년에 수정·보완하여 개정판이 나왔지만, 1991년에 번역한 책을 살리려고 학지사 김진환 사장과 상의하였다. 책을 살리는 방법은 그전에 작업한 파일을 찾아 다시 조판하는 방법과 절판된 책을 그대로 스캔하여 살리는 방법이 있다고 알려주었다. '그전에 보낸 파일이 있을까?' 하면서 여기 저기 찾으니 외장하드에 파일들이 온전히 보관되어 있었다. 흔글 1.0버전으로 매 chapter를 하나의 파일로 만들어서 인사말과 색인 등을 포함하여 모두 16개의 파일이 고스란히 남아 있었다. 28년 전에 작업을 해서 보관한 파일을 찾았을 때 그 감격은 이루 말할 수 없었고, 감회 또한 새로웠다.

이 책이 다시 살아나게 된 것을 무한히 기뻐하면서 문항반응이론의 기본 개념을 이해하는 데 독자들에게 도움이 되기를 바란다. 직역이 되었거나 어렵게 서술한 부분은 이해가 쉽도록 수정하였다. 문항과 피험자 능력모수치를 추정하는 컴퓨터 프로그램을 소개하는 제8장의 내용을 수정하는데 송미영 박사가 도움을 주었다. 이 책으로 맺어진 학지사 김진

환 사장과의 인연을 소중히 여기며 다시 출판하여 준 데 깊이 감사드
린다.

2019년

편역자의 글

검은 상자(Black box)를 대하는 일반적 자세에는 두 가지가 있다. 호기심과 지적 성취를 위하여 탐구하고자 하는 자세, 두려움에 따른 회피와 무관심, 나아가서는 무시하는 자세이다. 그렇다면 검은 상자는 실제로 두려움의 대상이요 무시하여도 괜찮은 것일까? 상자를 뜯어 보면 두려운 것 하나 없고 아름답고 진귀한 것으로 가득차 있는 보석 상자일 수 있고, 매우 진귀하고 중요한 것을 기대하였지만 허드레로 꽉 차 있는 쓰레기 상자일 수 있다. 진리를 탐구하는 사람은 검은 상자가 보석 상자이든 쓰레기 상자이든 관심의 대상이 되면 뜯어 보고자 하는 욕망을 가진다.

문항반응이론에 익숙한 사람은 문항반응이론의 타당성과 중요성을 깊이 인식하고 있으나 이 이론에 익숙하지 않은 사람에게는 문항반응이론이 검은 상자일 수 있다. 문항반응이론은 높은 수준의 수학적 지식을 요구하므로 교육학자들에게 검은 상자로 여겨질 정도로 두려움을 주고 있는지도 모른다. 그러나 문항반응이론은 두려움의 대상이 된다 하여도 무시하기에는 너무나 많은 중요한 장점을 가지고 있다. 국제적으로 타당하고 미래지향적인 연구 분야는 단시일 내에 국내에 유입되는 것에 비하여 문항반응이론은 어떤 이유에서인지 그렇지 못하였다.

검은 상자의 뚜껑을 조심스럽게 여는 작업의 일환으로 Baker(1985)의 『The Basic of Item Response Theory』를 편역하게 되었다. 이 책은 모두 8장으로 구성되어 있으며, 특이한 점은 문항반응이론의 기본 요소들을 그림으로 이해시키기 위하여 부록으로 컴퓨터 프로그램을 가지고 있다는 점이다. 쉽게 설명하기 위하여 가능한 한 원서의 내용을 직역하기보다는 의역을 하였으며, 때로는 불필요한 부분은 과감히 생략하였다.

6

특히 원서의 제7장 검사조정(Test calibration)은 기술적인 문제이므로 생략하였으며, 문항반응이론 이용자를 위하여 원서에 있지 않은 문항과 능력의 모수치를 추정하는 컴퓨터 프로그램을 제8장에 소개하였다. 원서의 부록인 컴퓨터 프로그램을 편역한 이 책의 부록으로 할 수 없으므로 보충된 연습 문제를 통하여 문항반응이론의 기본 개념의 이해를 돕고자 하였다.

이 책은 문항반응이론의 기본 요소를 개념적 수준에서 소개하는 문항반응이론 입문서로서 대학교 3, 4학년생들의 측정·평가과목이나 대학원생들의 검사이론과목을 위한 문항반응이론 소개서로 만족할 것이다. 구체적이고 세부적인 이해를 위해서는 보다 높은 수준의 문항반응이론서를 참고하여야 할 것이다. 이 책은 지난 겨울방학 동안 대학원생 김경희와 추정아에게 문항반응이론을 강의하면서 문항반응이론에 관심 있는 학형들에게 도움이 될 것이라는 판단에서 편역하게 되었다. 물론 두 학형의 도움이 없었다면 보다 좋은 책이 될 수 없었고 출간의 시기도 늦어졌을 것이다. 작업을 통하여 번역은 제2의 창조라는 진리를 새삼 느꼈다. 출간하고 보니 아쉬운 점, 부족한 점, 부끄러운 점이 눈에 띈다. 이것이 편역자의 첫 작업 중의 하나이니만큼 계속 정진한다는 의미에서 조언과 질책을 바란다.

부모님, 유학을 독려하셨던 황정규 교수님, 측정 분야의 새로운 이론에 눈을 뜨게 하여 주신 Wisconsin 대학교 Baker 교수님께 이 책을 바친다. 물론 아내와 아이들에게도 고마움을 표한다. 끝으로 대중성이 없음에도 불구하고 출판을 맡아 주신 양서원의 박철용 사장님께 사의를 표하며, 이 책이 양서가 되도록 정성을 기울이신 김진환 전무님께 감사한다.

1991년 4월
성태제

원저자의 글

지난 수 세기에 걸쳐 많은 학자가 문항반응이론의 발전에 공헌하였다. 특별히 세 사람을 꼽는다면 D. N. Lawley, F. M. Lord, 그리고 B. D. Wright를 들 수 있다. Edinburgh 대학교 교수였던 Lawley는 1943년 고전검사이론의 많은 부분을 문항특성곡선의 모수에 관한 용어로 설명하는 논문을 발표하였다. 이 논문이 측정이론에서 문항반응이론 전개의 시초라 할 수 있다. Educational Testing Service에 있는 Lord는 지난 35년간 문항반응이론의 발전뿐 아니라 문항반응이론 적용 분야까지 많은 공헌을 하여 왔다. Lord는 문항반응이론의 실용화를 위하여 컴퓨터 프로그램 개발은 물론 문항반응이론을 체계적으로 정의하고 확장시키며 탐구하였다. 그의 축적된 노력이 그의 저서와 논문으로 나타나고 있다. 1960년 후반 덴마크 수학자 Georg Rasch가 제안한 측정이론의 중요성을 인지한 Chicago 대학교의 Wright는 Rasch모형을 가지고 문항반응이론을 보급하는 데 매우 중요한 역할을 하였다. 특히 문항반응이론의 난해함 때문에 문항반응이론의 실용화가 어려웠던 1970년대 미국교육학회(American Educational Research Association)와 국제교육측정학회(National Council on Measurement in Education)의 연차 학술대회 Workshop을 통하여 Rasch모형을 보급하였고 이로 인하여 문항반응이론이 쉽게 보편화될 수 있는 계기를 만들었다. 이 세 사람의 노력 없이는 문항반응이론이 이론적 측면에서나 실용적 측면에서 오늘과 같은 수준에 이르지 못하였을 것이다.

Frank B. Baker

Madison Wisconsin

머리말

교육측정 및 심리측정이론 영역은 전환기에 있다. 현재 측정 영역의 실질적 상황의 대부분은 1920년대 개발되어 발전된 고전검사이론(Classical Test Theory)에 의존하고 있으나, 고전검사이론보다 논리적으로 타당한 문항반응이론(Item Response Theory)이 지난 40년간 발전되어 왔다. 문항반응이론이 꾸준히 연구되고 현재 여러 분야에서 사용되고 있는 이유는 고전검사이론처럼 검사 총점에 근거하는 것이 아니라 문항 하나하나에 근거하기 때문이다. 그러한 논리적 근거 때문에 검사이론의 새로운 접근방법을 문항반응이론이라 부른다. 문항반응이론의 기본 개념은 매우 명료한 데 반해 그 밑에 깔려 있는 수학적 배경이 고전검사이론에 비하여 다소 높은 수준에 있다. 이런 이유 때문에 문항반응이론의 유용한 정보를 얻고 이해하기 위하여 복잡한 계산을 해야 하고, 그와 같은 절차를 거치지 않고는 문항반응이론의 기본 개념을 명료하게 이해하기가 쉽지 않다.

이 책은 복잡하고 지겨운 계산에서 벗어나 문항반응이론의 기본 개념을 쉽게 논리적으로 이해시키기 위하여 쓰였다. 이 책의 각 장은 문항반응이론의 중요 개념들을 개념적 수준에서 이론의 핵심을 탐구하게 하여 주고, 이 책의 내용을 이해하였을 때는 문항반응이론의 기본적인 개념을 응용할 수 있는 확실한 지식을 갖게 하여 줄 것이다. 문항반응이론의 기본 개념을 이해시키기 위하여 이론의 기초를 강조하였으며, 수학적 요소를 가능한 한 최소화하였고, 문항반응이론 이론가와 이용자들에게 관심이 되는 복잡하고 세부적이며 기교적인 내용은 포함하지 않았다. 그러므로 이 책을 통하여 문항반응이론의 세부적인 내용보다는 문항반응이론에서 꼭 알아야 할 중요한 부분을 이해하게 될 것이다. 즉, 이 책은 문항 반응이론을 소개하기 위한 입문서다. 더 세부적이고 구체적으로 문항반 응이론을 이해하기 위해서는 Wright와 Stone(1979), Lord(1980), Hulin, Drasgow와 Poission(1982), Hambleton과 Swaminathan(1984)에 의해서 쓰인 보다 높은 수준의 문항반응이론에 관한 저서들과 이종성(1990)에 의한 Lord 저서의 번역서를 참고하기 바란다.

이 책은 문항반응이론 입문서로서의 목적을 충실히 하기 위하여 앞 장의 내용에 근거하여 다음 장에 새로운 개념들을 제시하였으며 쉬운 내용부터 어려운 내용으로 설명하였다. 각 장에서는 문항반응이론의 중요 요소에 대한 기본 개념을 설명하였으며, 계산을 위한 예제와 연습문제를 제시하였고, 기억하여야 할 중요한 사항을 서술하였다. 각 장에서의 기본 개념을 명료하게 이해하지 못하였을 때는 반복하여 의미를 분석하면서 이해하고 연습문제를 통하여 문항반응이론의 기본 개념을 명료화하기 바란다.

차례

1. 문항특성곡선

교육 · 심리측정 분야에는 관심의 대상이 되는 많은 변수가 존재한다. 예를 들면, 지능과 같이 직관적으로 이해할 수 있는 변수를 들 수 있다. 어떤 사람을 영리하다거나 그저 평범하다고 말한다. 이 말을 듣는 사람은 상대방이 논의의 대상이 되는 사람에 대하여 무엇을 전달하고자 하는지 파악할 수 있을 것이다. 마찬가지로 우리는 학업능력에 대하여 논할 수 있고, 좋은 성적을 얻고, 새로운 과제를 쉽게 학습하고, 다양한 자료와 연관시키고, 학습시간을 효율적으로 사용하는 방법에 대해서도 토론할 수 있다. 학습의 인지적 영역에서는 읽기능력 그리고 수리능력과 같은 용어를 사용한다. 심리측정이론가들은 이 같은 변수들을 직접 관찰이 불가능한 잠재적 특성(latent trait)이라고 한다. 전문가들은 이 같은 변수들을 쉽게 설명하고 그 속성들을 유목화할 수 있겠지만, 인간의 잠재적 특성은 물리적 치수라기보다는 하나의 개념이기 때문에 키나 몸무게처럼 직접 측정이 불가능하다. 교육 · 심리측정의 근본 목적은 인간이 얼마나 많은 잠재적 특성을 가지고 있느냐를 밝히는 것이다. 대부분의 연구가 학업능력, 어휘능력 등을 다루어 왔기에 문항반응이론에서는 인간이 소유한 잠재적 특성을 능력(ability)이라는 용어로 표현한다.

만약 인간이 소유하는 잠재적 특성의 양을 측정하려고 한다면, 그것을 잴 수 있는 자(ruler)가 필요하다. 기술적인 이유들 때문에 측정의 척도와 척도상의 숫자 그리고 숫자들이 나타내는 특성의 양을 정의하는 것은 매우 어려운 과제이다. 이해를 돕기 위하여, 척도의 정의 문제는 간단히 임의적인 기초능력척도(ability scale)라 정의한다. 어떤 능력이라도 0을 중간점으로, 1을 측정단위로 정하고 능력범위가 음의 무한대에서 양의 무한대까지 존재한다는 것을 가정할 수 있다. 측정의 단위와 임의적인 0점이 있기 때문에 이러한 척도는 측정의 동간성이 존재한다고 볼 수 있다. 중요한 것은 인간의 능력을 물리적으로 결정할 수 있다면, 이 척도는 어떤 사람이 소유한 능력의 양을 밝힐 수 있으며, 여러 사람의 능력을 비교할 수도 있을 것이다. 능력의 이론적인 범위가 음의 무한대에서 양의 무한대까지이지만 실제적인 능력의 범위는 -3에서부터 $+3$까지로 제한한다. 이는 사물의 속성에 관한 모든 점수를 표준화하였을 때 표준점수인 Z점수처럼 일반적으로 -3에서 $+3$까지의 범위에 모든 대상이 포함되기 때문이다. 따라서 이 책에서는 능력의 범위를 앞에서 언급한 범위로 한정할 것이다. 그러나 제한된 능력범위 이외의 능력들이 존재할 수 있음을 주지하여야 한다.

능력을 측정하기 위한 일반적 접근은 문항들로 구성되는 검사를 개발하는 것이다. 이들 문항은 관심의 대상이 되는 특별한 능력의 어떤 일면을 측정한다. 순수하게 기술적인 관점에서 보면 그러한 문항들은 피험자가 생각하는 어떠한 응답이라도 할 수 있는 자유로운 반응문항들이어야 한다. 그다음에 그 검사지에 점수를 매기는 사람은 그 응답이 맞는지 틀리는지를 결정해야 한다. 그 문항의 응답이 맞다고 결정되면 피험자는 1점을 받고 틀리면 0점을 받는다. 즉, 문항은 이분적으로 (dichotomously) 점수화된다. 고전검사이론에 의하면 피험자의 원점수(raw score)는 검사에서 문항의 답을 맞힌 문항 점수들의 총합이다. 그러나 문항반응이론의 근본적인 관심은 피험자의 원점수에 있는 것이 아니라 한 피험자가 문항 각각에서 문항의 답을 맞힐 확률에 있다. 이것은 문항반응이론의 기초 개념들이 고전검사이론에서처럼 검사점수와 같은 문항반응들의 합계에 근거하기보다는 검사는 문항 하나하나에 근거하기 때문이다.

실제적인 관점에서 보면 검사에서 자유반응 형태의 문항은 사용하기가 어렵다. 특히 그와 같은 문항들을 객관적으로 채점하는 것도 용이하지 않다. 그러므로 문항반응이론에서 사용되는 대부분의 검사들은 선택형 문항들로 구성된다. 이같은 문항들은 이분적으로 채점이 되는데, 정답은 1점을 부여받고 틀린 보기를 선택한 문항은 0점을 받게 된다. 이분적으로 점수를 받게되는 문항들을 이분문항(binary item)이라 한다.

문항특성곡선(Item Characteristic Curve)

어떤 문항에 반응하는 각 피험자는 얼마만큼의 능력을 가지고 있다고 가정한다. 그래서 각 피험자는 능력척도상에서의 어느 위치의 수치, 즉 점수를 갖는다고 생각할 수 있다. 이 능력점수는 그리스 문자 쎄타(theta)로, θ 표기한다. 각 능력수준에서 그 능력을 가진 피험자는 그 문항에 답을 맞힐 확률이 있을 것이다. 이 확률을 $P(\theta)$로 표기한다. 전형적인 문항에서 낮은 능력의 피험자는 문항의 답을 맞힐 확률이 낮을 것이며, 높은 능력의 피험자는 문항의 답을 맞힐 확률이 높을 것이다. 만약에 능력의 함수(function)로서 $P(\theta)$의 점을 연결하여 그리면 [그림 1−1]에서처럼 부드러운 S자형의 곡선이 된다.

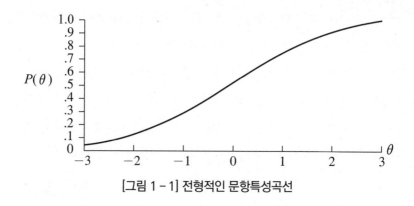

[그림 1-1] 전형적인 문항특성곡선

문항의 답을 맞힐 확률은 능력이 가장 낮은 수준에서 0에 가깝고, 능력이 가장 높은 수준에서 문항의 답을 맞힐 확률은 1.0에 접근할 때까지 증가한다. 이 S자형의 곡선은 능력(ability)과 문항에 대해 답을 맞힐 확률과의 관계를 묘사한다. 문항반응이론에서 S자형의 곡선을 문항특성곡선 (Item Characteristic Curve: ICC)이라 하며, 한 검사 내의 각 문항은 각기 독특한 문항특성곡선을 갖는다.

문항특성곡선은 문항반응이론의 초석이며 문항반응이론의 다른 모든 요소들(constucts)은 문항특성곡선에 기인한다. 이 같은 이유에서 문항특성곡선의 특성과 역할에 대한 세심한 고려가 필요하다. 문항반응이론을 설명하기 위하여 사용하는 문항특성곡선에는 두 가지의 기술적인 속성이 있다. 첫 번째는 문항난이도이다. 문항반응이론에서 문항난이도는 능력척도에 따라서 문항이 기능하는 곳을 말한다. 예를 들어, 쉬운 문항은 낮은 능력의 피험자들 사이에서 기능하는 반면, 어려운 문항은 높은 능력의 피험자들 사이에서 기능한다. 그러므로 난이도는 위치지수(location index)이다. 두 번째 기술적인 속성은 문항변별도인데 문항이 문항의 위치지수 아래의 능력을 가진 피험자들과 문항의 위치지수 위의 능력을 가

진 피험자들을 얼마나 잘 구별할 수 있는가를 서술한다. 이 속성은 본질
적으로 문항특성곡선 중간 부분에서의 기울기를 말한다. 문항특성곡선
의 기울기가 가파른 문항은 피험자들을 더욱 잘 변별할 수 있다. 문항특
성곡선이 완만할수록 낮은 능력수준에서 답을 맞힐 확률과 높은 능력수
준에서 문항의 답을 맞힐 확률이 차이가 적기 때문에 이 문항은 피험자들
을 잘 변별하지 못한다. 이 두 가지의 속성을 사용해서 문항특성곡선의
일반적인 형태를 그릴 수 있다. 또한 이 속성들은 한 문항의 기술적인 속
성들을 논의하기 위해 사용된다. 이 두 속성들은 그 문항이 정말로 측정
하고자 하는 능력을 제대로 측정했는지와 오차 없이 측정했는가의 문제
와는 관계가 없다. 이것은 타당도와 신뢰도의 문제이다. 문항의 두 속성,
즉 문항난이도와 문항변별도는 단순히 문항특성곡선의 형태를 알려 준다.

문항난이도(Item Difficulty)

위치지수로서의 문항난이도라는 개념을 설명한다. [그림 1-2]는 세
개의 문항특성곡선을 같은 도표상에 제시하고 있다.

이 문항특성곡선들은 같은 수준의 변별력을 갖지만 위치지수인 난이
도는 다르다. 왼편의 곡선 (a)는 쉬운 문항을 의미한다. 왜냐하면 능력수
준이 낮은 피험자가 문항의 답을 맞힐 확률도 높고, 높은 능력의 피험자
가 문항의 답을 맞힐 확률은 1.0이기 때문이다. 중간의 곡선 (b)는 문항을
맞힐 확률이 능력수준이 낮은 점에서는 낮고, 능력척도의 중간지점에서
는 거의 .5이며, 가장 높은 능력수준에서는 1.0에 가깝기 때문에 중간난
이도의 문항을 나타낸다. 오른편 곡선 (c)는 어려운 문항을 나타낸다. 대

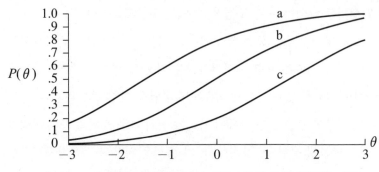

[그림 1 - 2] 동일한 문항변별도와 다른 수준의 문항난이도를 가진
세 개의 문항특성곡선

부분의 능력척도에서 문항의 답을 맞힐 확률은 낮으며, 보다 높은 능력
수준에 도달할 때 문항의 답을 맞힐 확률이 증가한다. 가장 높은 능력수
준(+3)에서 제시된 문항의 답을 맞힐 확률도 가장 어려운 문항이기 때문
에 .8에 불과하다.

문항변별도(Item Discrimination)

변별도의 개념은 [그림 1-3]에서 설명하고 있다. 그림에는 난이도는
같고 변별도가 다른 세 개의 문항특성곡선이 있다. 맨 위의 문항특성곡
선 (a)는 높은 수준의 변별도를 갖는다. 왜냐하면 능력이 증가함에 따라
문항의 답을 맞힐 확률이 매우 급하게 변하는 데, 중간지점에서 문항특
성곡선의 기울기가 매우 가파르기 때문이다. 문항특성곡선 중간으로부
터 왼쪽에서 문항의 답을 맞힐 확률은 .5보다 훨씬 낮고, 오른쪽에서 문
항의 답을 맞힐 확률은 .5보다 훨씬 크다. 중간곡선 (b)는 적절한 수준의

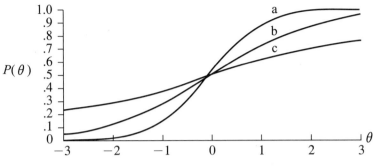

[그림 1 - 3] 동일한 문항난이도와 다른 수준의 문항변별도를 가진
세 개의 문항특성곡선

변별도를 가진 문항을 나타낸다. 이 곡선의 기울기는 맨 위의 곡선보다
낮고, 문항의 답을 맞힐 확률은 능력수준이 증가함에 따라 맨 위의 곡선
보다 완만하게 서서히 변한다. 가장 낮은 능력의 피험자들은 문항의 답
을 맞힐 확률이 0에 가깝고 가장 높은 능력의 피험자는 문항의 답을 맞힐
확률이 1.0에 가깝다. 세 번째 곡선 (c)는 낮은 변별도를 가진 문항을 나타
낸다. 이 곡선은 매우 낮은 기울기를 가지며 문항의 답을 맞힐 확률은 제
시된 능력범위 전반에서 둔하게 변한다. 심지어 낮은 능력수준에서도 문
항의 답을 맞힐 확률은 높으며, 높은 능력수준에 도달할 때 다소 증가한
다. 그림에서 능력의 범위를 편의상 −3에서 +3까지의 능력범위로 제한
하였지만 능력의 이론적 범위는 음의 무한대에서부터 양의 무한대까지
임을 환기하여야 한다. 그러므로 여기서 실제적으로 모든 형태의 문항특
성곡선은 − ∞에서는 0의 확률과 + ∞에서는 1.0의 확률에 가까워진다.
그림에서 사용되는 제한된 능력범위는 문항특성곡선들을 보기 좋게 그
리기 위해서이다.

특별한 경우로서 완벽한 변별도를 가진 문항이 있다. 그러한 문항의 문항특성곡선은 능력척도 위의 어느 지점에서 수직선이 된다. [그림 1-4]는 이론적으로 완벽한 변별력을 가진 문항을 보여 준다.

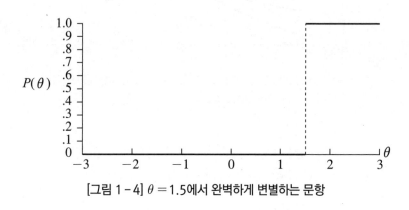

[그림 1-4] $\theta = 1.5$에서 완벽하게 변별하는 문항

$\theta = 1.5$에서 수직선의 왼편에서는 답을 맞힐 확률이 0이며 수직선의 오른편에서는 답을 맞힐 확률이 1.0이 된다. 그래서 이 문항은 1.5라는 능력수준 위에 있는 피험자들과 아래에 있는 피험자들을 완벽하게 변별한다. 이 같은 문항은 1.5 바로 위와 아래의 능력을 가진 피험자들을 구별하기에는 이상적이다. 그러나 이 문항은 능력수준이 1.5 위의 능력을 가진 피험자들을 구별하지 못할 뿐아니라 1.5아래의 능력을 가진 피험자들도 구분하지 못한다.

문항특성의 언어적 표현

문항특성곡선과 그 속성들에 대한 직관적인 이해를 돕기 위하여 문항의 난이도와 변별도를 수치에 의한 규명이 아니라 언어적 용어로 표현하

면, 문항난이도는 '매우 쉽다' '쉽다' '중간이다' '어렵다' '매우 어렵다'
의 다섯 가지 수준으로 구분한다. 또한 문항변별도는 '거의 없다' '낮다'
'적절하다' '높다' '매우 높다'의 다섯 가지 수준의 언어적 용어로 표현
한다. 문항특성곡선을 구체화하기 위하여 이 용어들을 예제와 연습 문제
에서 사용할 것이다.

언어적 표현에 의한 문항특성곡선의 예

　문항난이도와 문항변별도의 언어적 표현에 따른 문항특성곡선의 형태
를 쉽게 이해하기 위하여 앞에서 분류한 문항난이도와 문항변별도의 기
준에 의하여 그려진 여러 개의 예들이 있다. 각각의 예를 보면서 문항특
성의 언어적 표현에 의한 문항특성곡선의 형태를 파악해 보자.
　문항변별도는 적절하며 문항난이도가 각기 다른 다섯 문항의 문항특
성곡선은 [그림 1-5]와 같다. 1번 문항은 매우 쉽고, 2번 문항은 쉬우며,
3번 문항은 중간수준이고, 4번 문항은 어려우며, 5번 문항은 매우 어렵다.

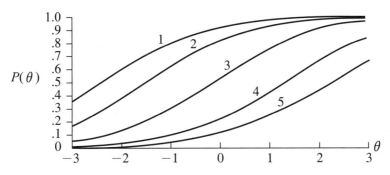

[그림 1-5] 문항변별도는 적절하며 문항난이도가 각기 다른
문항특성곡선

[그림 1-5]에서 문항난이도에 따른 능력척도상의 점들이 상이함을 주목하면 각 문항은 문항난이도에 대응하는 능력수준에서 기능함을 알 수 있다. 쉬운 문항일수록 문항특성곡선이 능력척도의 왼편에 그려진다. 1번 문항과 2번 문항의 왼쪽 꼬리 부분의 문항의 답을 맞힐 확률이 0을 능가함은 그림에서 능력범위가 -3에서 +3으로 제한되었기 때문이다. 능력범위를 음의 무한대로 연장하면 음의 무한대 수준에서 문항의 답을 맞힐 확률은 0에 가깝다.

문항의 난이도는 어렵고 문항변별도가 각기 다른 다섯 문항의 문항특성곡선을 그리면 [그림 1-6]과 같다. 문항변별도가 1번 문항은 매우 낮고, 2번 문항은 낮으며, 3번 문항은 적절하고, 4번 문항은 높으며, 5번 문항은 매우 높다.

[그림 1-6]에서 각 문항특성곡선마다 고유한 모양을 가지고 있다. 주목해야 할 점은 문항난이도를 말해 주는 능력척도상의 점은 동일한 데 비하여 문항특성곡선상의 문항난이도와 교차하는 점에서의 기울기는 모

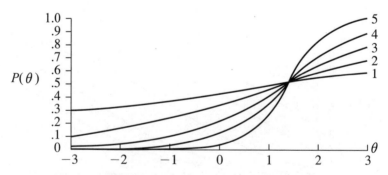

[그림 1-6] 문항난이도는 어려우며 문항변별도가 각기 다른 문항특성곡선

두 다르다. 변별력이 높은 문항일수록 문항특성곡선의 기울기가 가파름을 알 수 있다.

[그림 1−5]와 [그림 1−6]에서 설명한 바와 같이 문항특성곡선은 언어적 표현에 의한 문항난이도와 문항변별도의 각 다섯 가지 기준의 조합에 의하여 독특한 형태의 문항특성곡선을 갖는다. 연습 문제를 통하여 언어적 표현에 의한 문항특성곡선의 형태를 이해하기 바란다.

┤ 연습 문제 ├

1. 문항난이도가 중간수준이고 문항변별도가 적절한 문항특성곡선을 그리고 특징을 설명하라.

2. 문항난이도가 쉽고 문항변별력이 높은 문항의 문항특성곡선을 그리고 특징을 설명하라.

3. 문항난이도가 쉽고 문항변별도가 낮은 문항의 문항특성곡선을 그리고 특징을 설명하라.

4. 문항난이도가 중간수준이며 문항변별도가 매우 높은 문항의 문항특성곡선을 그리고 특징을 설명하라.

5. 문항난이도가 어렵고 문항변별도가 낮은 문항의 문항특성곡선을 그리고 특징을 설명하라.

6. 문항난이도는 중간수준이고 문항변별도가 낮은 1번 문항과 1번 문항과 같은 수준의 문항난이도를 가지며 문항변별도가 높은 2번 문항의 문항특성곡선을 같은 도표에 그리고 비교·분석하라. 공통점이 무엇이고 다른 점이 무엇인가?

7. 문항변별도는 높은 수준으로 같고 문항난이도가 쉬운 문항과 문항난이도가 어려운 문항을 같은 도표에 그리고 비교·분석하라.

8. 문항난이도가 쉽고 문항변별도가 높은 문항과 문항난이도가 어렵고 문항변별도가 낮은 문항의 문항특성곡선을 같은 도표에 그리고 비교·분석하라.

9. 다음의 문항속성을 갖는 세 문항이 있다.

문항	문항난이도	문항변별도
1	쉽다	높다
2	중간이다	적절하다
3	어렵다	낮다

a. 같은 도표에 세 문항특성곡선을 그리라.

b. 문항난이도와 문항변별도를 표시하라.

c. 세 문항특성곡선이 어떤 관계를 가지는지 논하라.

10. 다음의 문항속성을 갖는 세 문항이 있다.

문항	문항난이도	문항변별도
1	쉽다	매우 낮다
2	중간이다	적절하다
3	어렵다	매우 높다

a. 같은 도표에 세 문항특성곡선을 그리라.

b. 문항난이도와 문항변별도를 표시하라.

c. 세 문항특성곡선이 어떤 관계를 가지는지 논하라.

11. 다음의 문항속성을 갖는 세 문항이 있다.

문항	문항난이도	문항변별도
1	매우 쉽다	매우 높다
2	어렵다	적절하다
3	매우 어렵다	매우 낮다

a. 같은 도표에 세 문항특성곡선을 그리라.

b. 문항난이도와 문항변별도를 표시하라.

c. 세 문항특성곡선이 어떤 관계를 가지는지 논하라.

┤ 기억하여야 할 점 ├

1. 문항변별도가 적절한 수준 이하일 때 문항특성곡선은 거의 선형 (linear)이며, 다소 평평하게 나타난다.

2. 문항변별도가 적절한 수준 이상일 때 문항특성곡선은 S자형이 며, 곡선의 중간 부분에서 다소 기울기가 가파르다.

3. 문항난이도가 중간 이하인 쉬운 문항이면 제한된 능력범위($-3 \leq \theta \leq +3$)에서 문항특성곡선의 대부분은 .5 이상의 답을 맞힐 확률을 갖는다.

4. 문항난이도가 중간 이상인 어려운 문항이면 제한된 능력범위($-3 \leq \theta \leq +3$)에서 문항특성곡선의 대부분은 .5 이하의 답을 맞힐 확률을 갖는다.

5. 문항변별도 수준에 관계없이 문항난이도는 능력척도에 따라 위 치한다. 그러므로 문항난이도와 문항변별도는 서로 독립적이다.

6. 한 문항이 변별력이 없을때, 문항난이도는 문항의 답을 맞힐 확률 이 .5, 즉 $P(\theta)=.5$의 값에서 동일한 수평선에 있게 된다. 이것은 변별력이 없는 문항에 대한 문항난이도의 값이 규정되지 않기 때 문이다.

7. 만약 주의 깊게 문항난이도에 상응하는 $P(\theta)=.5$ 지점을 주목하였 다면, 문항이 쉬우면 문항난이도는 낮은 능력수준에 있게 되고, 문 항이 어려우면 문항난이도는 높은 능력수준에 있음을 알 수 있다.

2. 문항반응모형

제1장에서 문항특성곡선의 특성들을 수리적 표현이 아닌 언어적 표현의 용어로 정의하였다. 이것은 문항특성곡선의 직관적인 이해를 위해서는 유용하지만, 이론이 필요로 하는 정확성과 엄밀성을 결여하고 있다. 그러므로 이 장에서는 문항반응모형을 유도하기 위하여 함수를 이용한 두 가지 수학적 문항반응모형과 각 문항반응모형에 따라 문항의 모수를 고려한 세 가지 형태의 문항특성곡선모형을 소개할 것이다. 문항반응모형을 함수의 관계로 설명하기 위하여 크게 두 가지 모형을 들 수 있다. 하나는 정규 오자이브모형(Normal ogive model)이며, 다른 하나는 로지스틱모형(Logistic model)이다.

정규 오자이브모형(Normal Ogive Model)

정규 오자이브함수는 교육측정학 분야에 오래전부터 사용되어 왔으나 Lord와 Novick이 정규 오자이브함수를 사용하여 문항특성곡선을 추정하는 방법을 보다 이론적으로 체계화하였다. 정규 오자이브모형에 의하여 문항반응을 유도하는 자세한 절차는 Lord와 Novick(1968)의 저서 『Statistical theories of mental test scores』나 Lord(1981), Hambleton

과 Swaminathan(1983) 등에 의한 보다 높은 수준의 문항반응 이론서를
참조하기 바란다.

이 책에서는 정규 오자이브함수에 의해 문항반응모형을 전개하는 방
법을 개념적 수준에서 간단히 설명하기로 한다. 능력변수 θ를 가진 정규
오자이브함수에 의한 문항반응모형은 공식 (2-1)과 같다.

$$P(\theta) = \int_{-\infty}^{\theta} \frac{1}{\sqrt{2\pi}\,\sigma} e^{\frac{-(\theta-\mu)}{2\sigma^2}} \, d\theta \qquad (2-1)$$

문항반응이론에 의하면 능력척도의 단위는 평균이 0이고 표준편차가
1이므로 공식 (2-1)은 공식 (2-2)로 전개된다.

$$P(\theta) = \int_{-\infty}^{Z_\theta} \frac{1}{\sqrt{2\pi}} e^{-Z^2/2} \, dz \qquad (2-2)$$

θ: 피험자 능력수준

Z_θ: 피험자 능력의 표준화점수

능력의 표준화점수 $Z_\theta = (\theta-\mu)/\sigma$이다. 제1장에서 설명한 문항의
위치모수와 변별모수를 주목하면, 문항의 변별모수는 표준편차에 반비
례하므로 1/a*로 대치할 수 있다. 왜냐하면 표준편차가 작은 정규분포는
봉이 높고 범위가 좁으므로 정규오자이브 곡선을 그리면 기울기가 가파
르기 때문이다. 반대로 표준편차가 큰 정규분포는 봉이 낮고 펀펀하기
때문에 정규 오자이브 곡선의 기울기는 낮게 된다.

μ는 피험자 능력의 평균치이므로 문항의 위치모수 b로 치환할 수 있

다. 그러므로 문항특성곡선을 추정하기 위한 2-모수 정규 오자이브모형은 공식 (2-3)과 같다. 공식 (2-2)에서 공식 (2-3)으로 유도되는 자세한 과정은 Lord와 Novick이 저술한 책의 제16장을 참조하라.

$$P(\theta) = \int_{-\infty}^{a*(\theta-b)} \frac{1}{\sqrt{2\pi}} e^{-Z^2/2} dz \qquad (2-3)$$

θ : 피험자 능력수준

a* : 문항변별도 모수

b : 문항난이도 모수

로지스틱모형(Logistic Model)

문항특성곡선을 추정하는 다른 모형은 로지스틱모형으로 정규 오자이브모형이 지니고 있는 적분(integral) 계산의 난해함을 해소하기 위하여 로지스틱함수(Logistic function)를 사용하였다. 로지스틱 문항반응모형이 정규 오자이브모형에 비하여 계산이 용이하고 문항반응이론 전개에 문제가 없으므로 로지스틱모형이 보편화되고 있다. 그러므로 이 책에서는 로지스틱모형에 의하여 문항반응모형을 설명한다.

이 모형들은 능력에 따라 문항의 답을 맞힐 확률에 대한 수학 공식을 제공한다. 각 모형은 하나 또는 그 이상의 모수를 갖는데 이 모수의 값에 의하여 특유의 문항특성곡선을 나타낸다. 만약 엄격히 정의될 수 있는 측정이론을 개발하고 더욱 발전시키려면 그러한 수학적인 모형들이 필요하다. 또한 이러한 모형들과 그들의 모수치들은 문항의 특성에 대한 정보를 교환하기 위한 매개체 역할을 한다. 세 가지 모형에는 각각 피험자의 능력 수준에 따라 문항의 답을 맞힐 확률을 계산하는 수학적 공식이 사용된다. 그리고 문항을 맞힐 확률을 연결하여 문항특성곡선을 그릴 수 있다. 이 장에서는 로지스틱모형의 문항모수치와 문항특성곡선의 형태에 대한 관계를 쉽게 이해할 수 있을 것이다.

2 – 모수 로지스틱모형(The Two – Parameter Logistic Model)

문항반응이론에서 문항특성곡선을 위한 표준의 수학적 모형은 로지스틱함수의 누가적 형태이다. 이것은 제1장에서 보여 준 문항특성곡선의 일반적 형태를 가지는 일군의 곡선들을 나타낸다. 로지스틱함수는 1844년에 처음으로 유도되어 생물학에서 식물과 동물의 출생부터 성숙에 이르는 성장을 모형화하기 위해서 널리 이용되었다. 이 로지스틱함수는 1950년대 후반에 가서 문항특성곡선을 위한 모형으로서 처음 사용되었고 계산상의 편리함 때문에 선호하는 문항반응모형이 되었다. 2–모수 로지스틱모형을 위한 식은 공식 (2–4)와 같다.

$$P(\theta) = \frac{1}{1+e^{-L}} = \frac{1}{1+e^{-a(\theta-b)}} \qquad (2-4)$$

e: 지수(exponential)로서 상수 2.718

b: 문항난이도 모수

a: 문항변별도 모수

$L = a(\theta - b)$: 로지스틱 편차(logistic deviate)이며 로지트(logit)

θ: 피험자의 능력 수준

주의

이 책에서 정규 오자이브모형에 의한 문항변별도는 a*로 표기하고 로지스틱
모형에 의한 문항변별도는 a로 표기하였다. Harley(1952)가 두 모형에 의해
추정된 문항변별도는 a = 1.702a* 라는 관계를 발견하였다. 즉, 정규 오자이
브모형에 의해 추정된 문항변별도에 1.702를 곱하면 로지스틱모형에 의하여
추정된 문항변별도가 된다. 많은 문항반응이론 연구 문헌에서 2−모수 로지
스틱모형에 대한 공식을 $P(\theta) = 1/(1 + e^{-1.7a(\theta - b)})$로 표기한다. 다른
문헌에서 a는 정규 오자이브모형에 의해 추정된 문항변별도를 말하나, 이
책에서는 로지스틱모형을 중심으로 문항반응이론을 설명하기 위하여 로지
스틱모형에 의한 문항변별도로 표기하였다. 이 책에서 a로 표기된 문항변별
도 모수치를 1.702로 나누면 정규 오자이브모형에 의한 문항변별도가 된다.

공식 (2−4)는 모수 b와 a의 특별한 수치에 의해 정의되어지는 일군의
곡선을 나타낸다. 그러므로 이를 2−모수 로지스틱모형이라 부른다. 이
모형은 제1장에서 설명하였다. b로 표시되는 문항난이도 모수는 문항을
맞힐 확률이 .5에 해당되는 능력수준 위의 점이라고 정의한다. 이 모수치
의 이론적인 범위는 음의 무한대에서 양의 무한대이다. 그러나 전형적인
값은 −3에서 +3의 범위를 갖는다.

S자 형태의 문항특성곡선의 특징 때문에 곡선의 기울기는 능력수준의
함수로서 변화하고, 문항의 난이도와 능력수준이 동일할 때 최대값에 도
달한다. 그러므로 문항변별도 모수는 제1장에서 지적한 것처럼 문항특
성곡선의 일반적 기울기를 나타내는 것이 아니다. 변별도 모수의 실질적
기울기에 대한 전문적인 정의는 이 책에서 다루지 않기로 한다. 그러나
유용하게 사용하는 실제적 기울기의 정의는 변별도 모수가 $\theta = b$인 점
에서 문항특성곡선의 기울기에 비례한다는 것이다. $\theta = b$인 점에서 문

항특성곡선의 실질적인 기울기는 .4a이다. 그러나 $\theta = $ b에서 기울기 a를 고려하는 것이 문항의 모수를 보다 쉽게 해석할 수 있는 추정치이다. 문항모수치 a의 이론적인 범위는 음의 무한대에서 양의 무한대이나 실제에서 볼 수 있는 대개의 범위는 −2.80에서 +2.80이다. 일반적으로 문항변별도 a의 값은 양수이다.

2−모수 로지스틱 문항반응모형에 의한 문항특성곡선 계산의 예

2−모수 로지스틱모형의 문항특성곡선상의 점들, 즉 문항을 맞힐 확률이 어떻게 계산되는지를 설명하기 위하여 다음의 보기 문제를 생각하여 보자. 문항모수치는 다음과 같다.

문항난이도(b) = 1.0

문항변별도(a) = 0.5

능력수준 $\theta = -3.0$에서 문항의 답을 맞힐 확률 계산을 위한 첫 단계로 로지스틱편차, 다른 말로 로지트, 즉 L을 계산해야 한다.

$$L = a(\theta - b)$$

모수치들을 대입해서 로지트 값을 구하면 다음과 같다.

$$L = .5\,(-3.0 - 1.0) = -2.0$$

다음으로 계산되어야 하는 단계는 e(2.718)의 $-L$승을 하는 것이다. 만약 지수함수 e^x을 계산할 수 있는 소형 계산기를 가지고 있으면 쉽게 계산할 수 있다. $-L$값을 대입해서 산출하면 다음과 같다.

$$e^{-L} = e^{2.0} = 7.389$$

공식 (2-1)의 분모는 다음과 같이 계산된다.

$$1 + e^{-L} = 1 + 7.389 = 8.389$$

마지막으로 $P(\theta)$의 값은 다음과 같다.

$$P(\theta) = 1 / (1 + e^{-L}) = 1 / 8.389 = .12$$

그러므로 -3.0의 능력수준에서 이 문항의 답을 맞힐 확률은 .12이다.

위에서 보면 주어진 능력수준에서 문항의 답을 맞힐 확률의 계산이 로지스틱모형을 사용하면 매우 쉽다는 것을 알 수 있다. <표 2-1>은 -3부터 $+3$까지의 능력범위를 균등하게 7개의 능력수준으로 구분하여 각 능력수준에서 문항의 답을 맞힐 확률을 보여 준다. 문항의 답을 맞힐 확률, $P(\theta)$를 계산하는 절차에 익숙하기 위하여 몇 개의 능력수준에 대해서 계산을 해 보아야 한다.

2 - 모수 로지스틱모형(Two - Parameter Logistic Model)

$$P(\theta) = \frac{1}{1+e^{-a(\theta-b)}} = \frac{1}{1+e^{-.5(\theta-1)}}$$

〈표 2 - 1〉 2 - 모수 로지스틱모형에 의한 b= 1.0, a= .5인 문항의
능력수준에 따른 문항의 답을 맞힐 확률

능력(θ)	로지트(LOGIT)	e^{-L}	$1+e^{-L}$	$P(\theta)$
−3	−2.0	7.389	8.389	.12
−2	−1.5	4.482	5.482	.18
−1	−1.0	2.718	3.718	.27
0	−.5	1.649	2.649	.38
1	0	1.000	2.000	.50
2	.5	.607	1.607	.62
3	1.0	.368	1.368	.73

<표 2−1>에 의한 문항특성곡선은 다음의 [그림 2−1]과 같다. 수직
의 화살표는 문항난이도를 말한다.

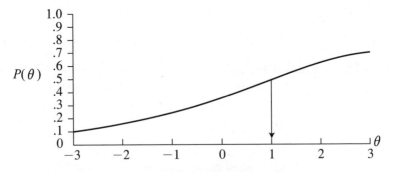

[그림 2 - 1] 2 - 모수 로지스틱 문항반응모형에 의한 b= 1.0
a= .5인 문항의 문항특성곡선

Rasch모형 혹은 1 – 모수 로지스틱모형(The Rasch; The One – Parameter Logistic Model)

흥미있는 다음의 문항반응모형은 1–모수 로지스틱 문항반응모형으로서 덴마크의 수학자 Georg Rasch가 1960년도 중반에 문항모수와 피험자 능력추정을 정규오자이브 함수나 로지스틱함수에 의하지 않고 확률이론의 관점에서 문항반응이론을 전개시켰다. 결과적으로 Rasch문항반응모형은 수리적 전개가 다르지만 문항난이도만을 고려한 로지스틱모형과 동일한 결과를 낳았다. Rasch모형에 대한 이해를 위해서는 Wright와 Stone(1979)이 저술한 『Best Test Design』을 참고하기 바란다. 이 Rasch문항반응모형은 2–모수 로지스틱모형에 비춰 볼 때 변별도 모수는 모든 문항에 대해 1.0의 값으로 고정되어지며, 단지 난이도 모수만 다른 값을 갖게 된다. 이런 이유에서 Rasch문항반응모형은 종종 1–모수 로지스틱모형으로 언급된다. Rasch모형의 식은 공식 (2–5)와 같다. b는 난이도 모수이고 θ는 능력수준이다.

$$P(\theta) = \frac{1}{1 + e^{-1(\theta - b)}} \qquad (2-5)$$

공식 (2–5)에서 변별도 모수가 사용되었다는 것을 주목하여야 한다. 그러나 그것은 항상 1.0의 값을 가지기 때문에 공식에서 생략하는 경우가 많다. 문항이 가지고 있는 변별력이 다양함에도 불구하고 모든 문항의 변별도를 1.0으로 하는 Rasch모형의 이론적 제한점 때문에 문항반응이론에서의 1–모수모형에 의한 문항모수치 추정은 감소하고 있는 추세이다.

Rasch문항반응모형에 의한 문항특성곡선 계산의 예

Rasch모형에 의해 능력수준이 −3.0인 점에서의 문항난이도가 1.0 (b=1.0)인 문항의 답을 맞힐 확률을 계산한다.

계산하여야 하는 첫 단계는 로지트, 즉 L이다.

$$L = (\theta - b)$$

모수치 값들을 대입하여 로지트를 계산하면 다음과 같다.

$$L = (-3.0 - 1.0) = -4.0$$

다음은 $-L$ 값으로 지수를 계산한 것이다.

$$e^{-L} = 54.598$$

공식 (2−5)의 분모는 다음과 같이 계산된다.

$$1 + e^{-L} = 1.0 + 54.598 = 55.598$$

마지막으로 $P(\theta)$의 값은 다음과 같이 얻어진다.

$$P(\theta) = 1 / (1 + e^{-L}) = 1 / 55.598 = .02$$

그러므로 −3.0의 능력수준에서 이 문항에 답을 맞힐 확률은 .02이다. <표 2−2>는 7개의 능력수준에서의 $P(\theta)$값의 계산을 보여 준다. Rasch 문항반응모형과 문항의 답을 맞힐 확률을 위한 계산 절차에 익숙하기 위하여 몇 개의 다른 능력수준에 대한 계산을 해 보아야 한다.

1 – 모수 로지스틱모형(One – Parametre Logistic Model)

$$P(\theta) = \frac{1}{1+e^{-1(\theta-b)}} = \frac{1}{1+e^{-1(\theta-1.0)}}$$

⟨표 2 – 2⟩ Rasch문항반응모형, 1 – 모수 로지스틱모형에 의한 b = 1.0인
문항의 능력수준에 따른 문항의 답을 맞힐 확률

능력(θ)	로지트(L)	e^{-L}	$1+e^{-L}$	$P(\theta)$
−3	−4	54.598	55.598	.02
−2	−3	20.086	21.086	.05
−1	−2	7.389	8.389	.12
0	−1	2.718	3.718	.27
1	0	1.000	2.000	.50
2	1	.368	1.368	.73
3	2	.135	1.135	.88

[그림 2 – 2]는 <표 2 – 2>에 따른 문항특성곡선을 나타낸다.

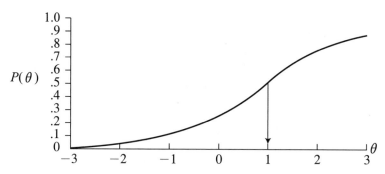

[그림 2 – 2] 1 – 모수 문항반응모형에 따른 문항 난이도가 1.0인
문항의 문항특성곡선

3-모수 로지스틱모형(The Three-Parameter Logistic Model)

시험에서 일어나는 흥미있는 현상 중 하나는 피험자들이 추측에 의해 문항의 답을 맞힐 수 있다는 것이다. 문항의 답을 맞힐 확률에는 추측에 의한 작은 부분도 포함된다. 앞의 두 가지의 문항특성곡선모형은 어느 것도 추측현상을 고려하지 않았다.

Birnbaum(1968)은 문항의 답을 맞힐 확률에 추측을 나타내는 모수 하나를 포함시키기 위해 2-모수 로지스틱모형을 수정하였다. 불행히도 그렇게함으로써 로지스틱함수의 몇 가지 수학적 특징들을 상실한다. 비록 Birnbaum이 제안한 3-모수 로지스틱모형이 원칙적으로 로지스틱모형이 아니라 할지라도, 결과적인 모형은 3-모수 로지스틱모형으로 알려져 있다. 3-모수 로지스틱모형은 공식 (2-6)과 같다.

$$P(\theta) = c + (1-c)\frac{1}{1+e^{-a(\theta-b)}} \qquad (2-6)$$

b: 문항난이도 모수

a: 문항변별도 모수

c: 문항추측도 모수

θ: 피험자의 능력수준

모수 c는 단지 추측에 의해 문항의 답을 맞힐 확률이다. c값의 정의는 능력수준의 함수로서 변하는 것이 아니라는 사실을 주목하여야 한다. 즉, 가장 낮은 능력을 가진 피험자나 가장 높은 능력을 가진 피험자 모두 추측에 의해 문항의 답을 맞힐 확률은 같다. 추측모수 c는 0에서 1.0까지의 이론적인 범위를 가진다. 그러나 실제적으로 .35 이상의 값은 인정할 만한 값으로 고려되지 않는다. 실질적인 추측도 모수의 범위는 일반적으로 0에서 .35 이하이다.

추측모수 c를 고려한 하나의 영향은 난이도 모수의 정의가 변하는 것이다. 앞의 두 모형에서 문항난이도(b)는 문항의 답을 맞힐 확률 .5에서의 능력수준 위의 점이다. 그러나 지금 3－모수모형에 의한 문항특성곡선의 가장 낮은 쪽의 한계는 0이 아니라 추측도 c값이다. 따라서 3－모수모형의 문항난이도 모수는 다음의 등식에 의해 계산한 문항의 답을 맞힐 확률에 대응하는 능력수준 위의 점을 말한다.

$$P(\theta) = c + (1 - c) / 2$$
$$= (1 + c) / 2$$

이 확률은 c의 값과 1.0 사이의 중간을 말한다. 여기서 알 수 있는 점은 문항의 답을 맞힐 확률의 가장 낮은 값으로 추측도 모수 c를 정의하였다는 점이다. 그러므로 난이도 모수는 문항의 답을 맞힐 확률이 가장 낮은 값 c와 1.0 사이의 중간에서의 능력척도상의 점이라고 정의할 수 있다.

변별도 모수 a는 여전히 $\theta = b$의 점에서 문항특성곡선의 기울기에 비례하는 것으로 설명된다. 그러나 3－모수모형하에서 $\theta = b$일때 문항특성곡선의 기울기는 실제적으로 a(1－c)/4이다. 3－모수모형에 따른 문항난이도 모수 b와 문항변별도 모수 a의 정의에 있어서 이러한 변화들이 대수롭지 않게 보일지라도 이것들은 검사분석 결과들을 설명할 때 매우 중요하다.

3-모수 로지스틱 문항반응모형에 의한 문항특성곡선 계산의 예

3-모수 문항반응모형에 의하여 문항의 답을 맞힐 확률은 다음의 문항모수치에 의해 계산된다.

문항난이도 (b) = 1.5
문항변별도 (a) = 1.3
문항추측도 (c) = .2

$\theta = -3.0$의 능력수준에서 로지트는 다음과 같다.

$$L = a(\theta - b) = 1.3(-3.0 - 1.5) = -5.85$$

지수 e를 계산하면 다음과 같다.

$$e^{-L} = e^{5.85} = 347.234$$

다음 단계 계산은 다음과 같다.

$$1 + e^{-L} = 1.0 + 347.234 = 348.234$$

그러고 나면, 다음과 같은 계산이 나온다.

$$1 / (1 + e^{-L}) = 1 / 348.234 = .0029$$

여기까지의 계산은 b=1.5와 a=1.3을 가진 2-모수 로지스틱모형에 의한 문항의 답을 맞힐 확률계산과 똑같다. 이제부터 추측모수를 고려해야 한다. 공식 (2-6)으로 $P(\theta)$를 계산한다.

$$P(\theta) = c + (1 - c)(.0029)$$

c = .2이므로

$$P(\theta) = .2 + (1.0 - .2)(.0029)$$
$$= .2 + (.80)(.0029)$$
$$= .2 + (.0023)$$
$$= .2023$$

그러므로 −3.0의 능력수준에서 이 문항의 답을 맞힐 확률은 .2023이다. <표 2−3>은 7개 능력수준에서 $P(\theta)$값의 계산을 보여 준다. 3−모수 로지스틱모형과 계산 절차를 익히기 위하여 몇 개의 다른 능력수준에서의 계산을 해 볼 필요가 있다.

3−모수 로지스틱모형(Three−Parameter Model)

$$P(\theta) = c + (1 - c)\,\frac{1}{1 + e^{-a(\theta - b)}}$$

$$P(\theta) = .2 + (1 - .2)\,\frac{1}{1 + e^{-1.3(\theta - 1.5)}}$$

〈표 2−3〉 3−모수 로지스틱모형에 의한 b=1.5, a=1.3, c=.2인
문항의 능력수준에 따른 문항의 답을 맞힐 확률

능력	로지트(L)	e^{-L}	$1 + e^{-L}$	$P(\theta)$
−3	−5.85	347.234	348.234	.20
−2	−4.55	94.632	95.632	.21
−1	−3.25	25.790	26.790	.23
0	−1.95	7.029	8.029	.30
1	−.65	1.916	2.916	.47
2	.65	.522	1.522	.73
3	1.95	.142	1.142	.90

44

[그림 2−3]은 <표 2−3>에 의한 문항특성곡선을 보여 준다.

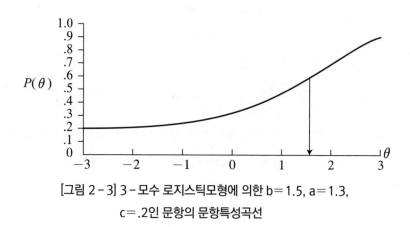

[그림 2−3] 3−모수 로지스틱모형에 의한 b=1.5, a=1.3,
c=.2인 문항의 문항특성곡선

부적 변별력(Negative Discrimination)

대부분의 검사 문항들의 변별력은 정적, 즉 +의 기호를 갖는다. 즉, 능력수준이 증가함에 따라 문항의 답을 맞힐 확률은 증가한다. 그러나 어떤 문항은 매우 희소하지만 부적인 변별력을 갖는다. 이 같은 문항은 능력수준이 증가할수록 문항의 답을 맞힐 확률이 감소한다. [그림 2−4]는 부적인 문항변별력을 가진 문항으로 나쁜 문항이다.

부적인 변별력을 가진 문항은 두 가지 경우에 발생한다. 첫째, 두 개의 보기를 가진 선택형 문항(two-choice item)에서 만약 정답에 대한 반응이 양의 변별도 모수를 가진다면 틀린 보기에 대한 반응은 항상 음의 변별도 모수를 가질 것이다. 자세히 설명하면 정답이 되는 보기를 선택하여 문항의 답을 맞힐 확률을 계산하면 능력수준이 증가함에 따라 문항의 답을 맞힐 확률이 증가한다. 그러므로 정답이 되는 보기에 대한 문항특성곡선은 정적인 변별력을 가진다. 그와 반대로 피험자가 정답이 아닌 틀린 보기를 고른다면 이는 능력수준이 증가할수록 그 틀린 보기를 선택하는 확률은 감소하게 된다. 정상적인 선택형 문항에서 정답이 아닌 틀린 보기를 위한 문항특성곡선을 그리면 부적 변별력을 갖는다.

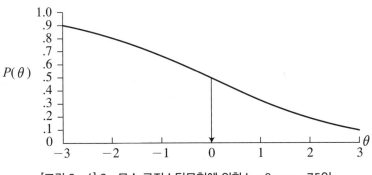

[그림 2 - 4] 2 - 모수 로지스틱모형에 의한 b = 0, a = -.75인
문항의 문항특성곡선

둘째, 때때로 어떤 문항에서 정답이 되는 보기에 대한 문항특성곡선이 부적인 변별도 지수를 갖는 경우가 있다. 즉, 능력수준이 높은 학생이 능력수준이 낮은 학생보다 문항의 답을 맞힐 확률이 낮음을 의미한다. 이것은 그 문항이 잘못 제작되었다는 것을 말하는 것이다. 그것은 불충분하게 쓰여졌든지, 아니면 높은 능력 학생들 사이에 널리 퍼진 어떤 잘못된 정보가 있다는 것이다. 어떤 경우이든 이는 문항에 문제가 있음을 경고하는 것이라 할 수 있다. 문항반응이론의 대부분의 주제를 위해서는 문항변별도 모수치가 정적인 값을 갖는다. [그림 2 - 5]는 두 개의 보기로 이루어진 이분문항(binary item)에서 정답 답지와 틀린 답지에 대한 문항특성곡선을 보여 준다.

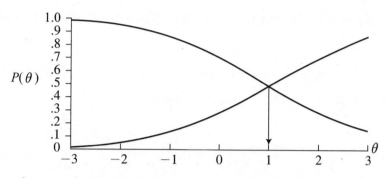

[그림 2 - 5] 이분문항에서 정답 답지(b=1.0, a=.9)와
틀린 답지(b=1.0, a=-.9)에 대한 문항특성곡선

[그림 2-5]에서 주목해야 할 사실이 있다. 두 개의 문항특성곡선은 같은 난이도 모수치(b=1.0)를 가진다. 그리고 변별도 지수는 절대값이 같다. 그러나 그것들은 정답 답지에는 정적인 부호를, 틀린 답지에는 부적인 부호를 가진다.

문항모수치 해석

제1장에서 문항특성곡선의 특징들을 묘사하는 문항모수에 대한 언어적 표현을 사용하였다. 지금부터 본질적 의미를 지니고 있는 문항모수의 수 값, 즉 문항모수치를 가지고 문항특성곡선을 설명한다. 그러나 문항모수치를 해석하고 이 해석을 비전문적인 독자에게 전달하기 위해서는 어떤 기준이 필요하다. 문항변별도를 설명하기 위하여 <표 2-4>와 같이 언어적 표현을 위한 문항변별도 모수치의 범위를 구체화하였다.

〈표 2-4〉 언어적 표현을 위한 문항변별도 모수치의 범위

언어적 표현	문항변별도	
	로지스틱	정규 오자이브
없다	.00	
매우 낮다	.01 이상 .34 미만	.20 미만
낮다	.34 이상 .64 미만	.20 이상 .38 미만
적절하다	.64 이상 1.34 미만	.38 이상 .79 미만
높다	1.34 이상 1.70 미만	.79 이상 1.00 미만
매우 높다	1.70 이상	1.00 이상
완벽하다	$+\infty$	

　이러한 기준은 문항특성곡선을 위한 로지스틱모형하에서 변별도 모수치를 해석할 때 적용된다. 만약 독자가 정규 오자이브모형하에서 변별도 모수를 해석하기를 원한다면 앞의 값들을 1.7로 나누어야 한다.

　문항변별도와 같이 문항난이도 모수치에 의하여 문항난이도를 언어적으로 표현하는 기준에는 몇 가지 문제가 있다. 제1장에서 서술한 '쉽다'와 '어렵다'는 용어는 어떤 견해에 의존하는 상대적인 용어이다. 문항반응이론하에서 문항난이도는 1-모수모형과 2-모수모형에 의하면 문항의 답을 맞힐 확률 .5에 대응하는 능력척도상의 점이고 3-모수모형에 의하면 $(1 + c)/2$에 대응하는 능력척도상의 점이다. 이런 이유에 의하여 제1장에서 사용한 언어적 표현은 단지 능력척도상의 중간점에 대해서만 의미를 가진다. 문항난이도 모수치를 해석하기 위한 적당한 방법은 그 문항이 능력척도상의 어디에서 기능하는가 하는 점이다. 문항변별도 모수는 이 해석에 의미를 부가하기 위해 사용될 수 있다. 문항난이도에 대응하는 능력수준에서 문항특성곡선의 기울기가 최대가 된다는 것을 앞에서 언급하였다. 그러므로 문항은 문항난이도와 일치하는 능력수준의 주변에서 피험자들을 최대한으로 구별하고 있다. 그렇기 때문에 그 문항은 이 능력수준에서 기능한다고 말할 수 있다. 예를 들어, 난이도 -1.0을 가진 문항은 낮은 능력수준의 피험자 사이에서 기능한다. 문항난이도가 1.0인 문항은 높은 능력 수준의 피험자들 사이에서 기능함을 알 수 있다. 다시 말하여, 문항난이도의 기본적 개념은 위치모수라는 것이다.

3-모수모형하에서 추측모수 c의 수치는 확률이기 때문에 즉각적으로 해석할 수 있다. 예를 들어, $c=.12$는 단순히 추측에 의해 그 문항의 답을 맞힐 확률이 모든 능력수준에서 $.12$라는 것을 의미한다.

연습 문제

문항반응모형과 문항모수치에 따른 문항특성곡선의 형태를 이해하기 위하여 주어진 문항반응모형과 문항모수치를 사용하여 능력범위 -3에서 $+3$까지 7단계 능력수준에서 $P(\theta)$를 계산하고 문항특성곡선을 그리라. 그리고 언어적 표현에 의하여 문항의 속성을 말하라.

〈1 - 모수 로지스틱 모형〉

1. 문항난이도(b) = -2.0

2. 문항난이도(b) = 0.0

3. 문항난이도(b) = $+2.0$

4. 세 문항의 문항특성곡선의 형태를 비교하라.

〈2 - 모수 로지스틱 모형〉

5. 문항난이도(b) = -2.0, 문항변별도(a) = 1.0

6. 문항난이도(b) = 0.0, 문항변별도(a) = 1.5

7. 문항난이도(b) = 2.0, 문항변별도(a) = .5

〈3 - 모수 로지스틱 모형〉

8. 문항난이도(b) = 1.0, 문항변별도(a) = .5, 문항추측도(c) = .2

9. 문항난이도(b) = -1.0, 문항변별도(a) = 1.5, 문항추측도(c) = .1

10. 문항의 모수치가 b=1.0, a=1.0, c=0.0인 문항이 있다.

  a. 2−모수모형에 의하여 $P(\theta)$를 계산하고 문항특성곡선을 그리라.

  b. 1−모수모형에 의하여 $P(\theta)$를 계산하고 문항특성곡선을 그리라.

  c. 3−모수모형에 의하여 $P(\theta)$를 계산하고 문항특성곡선을 그리라.

d. 세 가지 다른 로지스틱모형에 의해 그려진 문항특성곡선을 비교하라. 그리고 어떤 결과를 가져오며 그 원인은 무엇 때문인지 논하라.

┤ 기억하여야 할 점 ├

1. 1-모수모형에서 기울기, 즉 문항변별도는 항상 같다. 단지 문항
   의 위치지수, 즉 문항난이도만 다르다.

2. 2-모수 그리고 3-모수 로지스틱모형에서 문항특성곡선이 매우
   가파르기 위하여 a의 값은 꽤 커야 한다(a>1.7).

3. 1-모수 그리고 2-모수모형에서 문항난이도 b가 큰 문항특성곡
   선은 낮은 쪽의 꼬리가 문항의 답을 맞힐 확률 0에 접근한다. 그
   러나 3-모수모형에서는 낮은 쪽의 꼬리가 문항추측도 c의 값에
   접근한다.

4. 3-모수모형에서 b<0이고 a<1.0일때 c의 값은 제한된 능력
   범위($-3 \leq \theta \leq +3$)에서는 잘 나타나지 않는다. 그러나 만약 능
   력수준의 범위를 더욱 넓게 사용한다면 낮은 쪽의 꼬리는 c의 값
   에 접근한다.

5. 모든 모형에서 음의 문항변별도를 가진 문항특성곡선은, 문항난
   이도가 같고 양의 문항변별도를 가진 문항특성곡선의 형태와 문
   항난이도를 중심으로 좌우대칭의 모양(mirror image)을 갖는다.

6. b=-3.0일때 그래프상에는 문항특성곡선의 윗부분에 반만 나타
   나고, b=3.0일 때 그래프상에는 곡선의 아랫부분에 반만 나타난다.

7. 문항특성곡선의 기울기는 문항난이도에 일치하는 능력수준에서
   가장 가파르다. 그러므로 난이도 모수 b는 능력척도상에서 문항
   이 가장 잘 기능하는 점이다.

8. 1−모수 그리고 2−모수모형에서 문항난이도는 문항의 답을 맞
   힐 확률 .5에 해당하는 능력척도상의 점으로 정의된다. 3−모수
   모형에서 문항난이도는 문항의 답을 맞힐 확률이 추측모수 c와
   1.0 사이의 중간에 해당되는 값에서 능력척도상의 점으로 정의한
   다. 단지 $c=0$일 때 이 두 정의는 동일하다.

3. 문항모수치 추정

    검사에서 문항모수치들의 실제 값들을 모르기 때문에 문항반응이론에서 검사를 분석할 때 중요한 과제 중 하나는 문항들의 모수치를 추정하는 일이다. 얻어진 문항모수 추정치는 문항들의 기술적인 속성들에 관한 정보를 제공한다. 앞으로 문항의 모수치를 추정하는 절차를 간단히 설명하기 위하여 피험자들의 능력수준을 알고 있다고 가정한다. 실제로 피험자들의 능력은 현재 상태에서 알지 못하지만 이 가정이 세워지면 문항모수치 추정이 어떻게 이루어지는가를 설명하기가 용이하다.

    전형적인 검사의 경우에 M명으로 구성된 피험자 집단의 피험자들이 N개의 문항으로 구성된 검사에서 각 문항들에 응답한다. 피험자들의 능력점수는 능력척도상의 능력수준의 범위 전체에 분포되어 있을 것이다. 피험자들은 동일한 능력수준 θ_j를 갖는 능력수준에 따라 J개의 집단으로 나뉘어질 수 있고 각 J집단 내에는 m_j명의 피험자들이 있게 될 것이다 (여기서 j=1, 2, 3 ⋯ J). 어떤 특별한 하나의 능력집단 내에 m_j명의 피험자 중 r_j명이 문항의 답을 맞혔을 것이다. 그래서 능력수준 θ_j에서 문항의 답을 맞힌 것으로 관찰된 비율은 $p(\theta_j) = r_j / m_j$이며, 이것은 그 능력수준에서 문항의 답을 맞힌 확률의 추정치가 된다. 실제적으로 r_j값은 알 수 있고 $p(\theta_j)$는 능력척도에 따라 각각의 능력수준에서 계산될 수 있다.
각 능력집단에서 정답에 반응한 것이 관찰된 비율을 그리면 [그림 3－1]
과 같다.

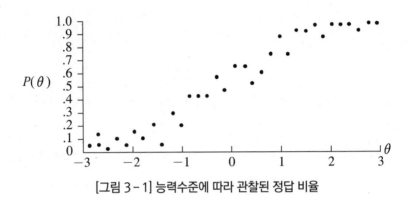

[그림 3－1] 능력수준에 따라 관찰된 정답 비율

문항반응모형의 적합도(Goodness-of-Fit Index)

이제 근본적인 과제는 관찰된 정답반응비율에 가장 잘 맞는 문항특성
곡선을 찾아내는 일이다. 그렇게 하기 위하여 우선 얻어진 자료를 대표
할 수 있는 적절한 곡선에 대한 모형을 선택하여야 한다. 세 가지 로지스
틱모형 중 어느 것이라도 사용할 수 있지만 여기서는 2－모수모형을 사용
한다. 문항특성곡선을 찾기 위하여 사용되는 수학적 방법에는 여러 가지가
있으나 가장 보편적인 최대우도 추정법(maximum likelihood estimation)에
근거한다. 이 방법에 의하여 문항모수치들이 추정될 때 b＝.0, a＝1.0과
같은 초기값들(initial values)이 선험적으로(a priori) 부여된다. 그다음에
문항모수의 추정치를 가지고 문항반응모형 공식에 의하여 각 능력수준
별로 문항의 답을 맞힐 확률 $P(\theta_j)$를 계산한다. 관찰된 $p(\theta_j)$값과 문항반

응모형에 의하여 이론적으로 계산된 $P(\theta_j)$값의 일치 정도는 모든 능력 수준 집단에서 고려되며, 추정된 문항모수치들을 변화시키면 추정된 모수치들의 값에 의하여 계산된 문항의 답을 맞힐 이론적 확률과 관찰된 정답비율 사이의 보다 일치된 결과를 얻을 수 있다. 추정치들을 변화시키는 이런 과정은 관찰된 $p(\theta_j)$값과 계산된 $P(\theta_j)$값이 일치하여 그 불일치 정도가 가능한 한 최소화될 때까지 계속된다. 그 시점에서 문항모수 추정절차는 종결되고 그때 b와 a의 값들이 문항모수의 추정치들이 된다. 이 값들이 주어지면 각 능력수준에서 문항의 답을 맞힐 확률 $P(\theta_j)$가 문항반응모형 공식에 의하여 계산되며, 이에 따라 문항특성곡선을 그릴 수 있다. 그 결과로서의 곡선은 그 문항에 대하여 반응한 자료에 가장 잘 맞는 문항특성곡선이 된다. [그림 3-2]는 [그림 3-1]에서 제시한 관찰된 정답반응비율에 맞추어진 문항특성곡선을 나타낸다. 문항모수치들의 추정된 값은 b=-.39이고, a=1.27이다.

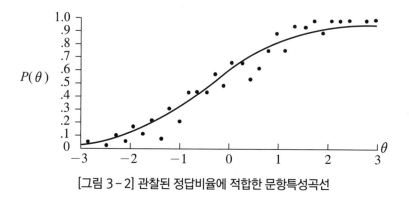

[그림 3-2] 관찰된 정답비율에 적합한 문항특성곡선

문항반응이론에서 중요하게 고려할 점은 어떤 문항특성곡선이 문항에 대한 실제적인 문항반응자료에 적합한가 하는 점이다. 관찰된 정답반응비율과 문항반응모형, 즉 문항특성곡선에 의해 계산된 이론적 확률과의 일치 정도는 Chi-Sqare 적합도 지수(Goodness-of-Fit index)에 의해 측정되며, 적합도 지수의 계산은 공식 (3-1)에 의한다.

$$\chi^2 = \sum_{j=1}^{J} m_j \frac{[p(\theta_j) - P(\theta_j)]^2}{P(\theta_j)Q(\theta_j)} \qquad (3-1)$$

J: 피험자집단(1, 2, 3 ⋯ J)

θ_j: 능력수준 j

m_j: 능력수준 j를 갖는 피험자집단의 피험자 수

$p(\theta_j)$: 피험자집단 j에서 관찰된 정답반응비율

$P(\theta_j)$: 문항모수 추정치들을 사용하여 문항특성곡선 으로부터 계산된 집단 j수준에서 문항의 답 을 맞힐 확률

얻어진 적합도 지수의 값 χ^2가 준거값(criterion value)보다 크면, 문항모수 추정치들의 값에 의하여 구체화된 문항특성곡선은 자료와 맞지 않는다고 분석한다. 이것은 두 가지 이유에 기인한다. 첫째, 문항특성곡선 모형이 잘못 선택되었을지 모른다. 둘째, 관찰된 정답반응비율들이 너무 넓게 퍼져 있어서 적합한 문항반응모형을 선택하였음에도 불구하고 좋은 적합도를 얻을 수 없다. 대부분 검사에서 소수의 문항들은 두 번째 이유로 인하여 큰 χ^2값을 갖는다. 그러나 한 검사에서 많은 문항이 큰 적합도 지수 χ^2값을 갖는다면 문항분석을 위해 적합하지 않은 문항반응모형을 선택하였는지 확인하여야 한다. 그러한 경우에는 대안적인 모형,

즉 1 — 모수모형 대신 3 — 모수모형에 의하여 검사를 재분석한다면 더욱 나은 결과를 산출할 수 있을 것이다. [그림 3 — 2]에서 제시한 문항의 경우에 계산된 χ^2값이 28.88이고, 준거값은 45.91이다. 그래서 b= —.39와 a=1.27을 갖는 2 — 모수모형은 관찰된 정답반응비율에 아주 적합하다. 불행히도 모든 검사분석 컴퓨터 프로그램들이 검사 내의 각 문항들에 대한 적합도 지수를 제공하는 것은 아니다. 모형 적합도 문제(the model - fit issue)에 관한 구체적 설명을 위해서는 Wright와 Stone(1979)의 책 『Best test design』의 제4장을 참조하라.

실제 최대우도 추정법(MLE)은 수학적으로 복잡하며 많은 계산 절차를 거쳐야 한다. 사실상 컴퓨터가 실용화되기 이전까지 문항반응이론은 복잡하고 부담스러운 계산 절차 때문에 실용적이지 못하였다. 이 책만으로는 최대우도 추정절차의 세부사항을 이해할 수 없다. 다만, 문항특성곡선의 적합도가 존재하고, 그것은 많은 계산이 필요하며, 선택한 문항특성곡선의 적합도는 계산할 수 있다는 사실을 개념적 수준에서 이해하는 것으로 충분하다. 오늘날 문항반응이론 이용자는 검사분석이 컴퓨터에 의해 행하여지기 때문에 문항모수 추정의 계산 절차를 중요하게 다루지 않는 것 같다. 그러나 문항반응이론의 기본 절차를 이해하기 위해서는 문항모수 추정절차를 무시하여서는 안 된다.

문항모수의 집단불변성(The Group Invariance of Item Parameters)

문항반응이론의 흥미있는 특징 중 하나는 문항모수치들이 문항에 반응하는 피험자들의 능력수준에 종속되지 않는다는 점이다. 이 특징은 문항모수치의 집단불변성(the group invariance of item parameters)으로서 알려졌으며, 문항특성의 불변성 개념(the invariance concept of item characteristics)이라 부른다. 문항반응이론의 문항특성 불변성 개념을 다음과 같이 설명할 수 있다. 두 피험자 집단이 존재한다고 가정한다. 첫째, 집단은 능력수준이 낮은 집단으로 평균이 −2이며, −3에서 −1까지의 능력점수들의 범위를 갖는다. 둘째, 집단은 능력수준이 높은 집단으로 평균이 +2이며, +1에서부터 +3까지의 능력점수들의 범위를 갖는다. 그다음에 문항의 답을 맞힌 정답반응비율을 두 집단 내의 각 능력수준에 따라 실제 문항반응자료로부터 계산하였을 때 첫째 집단의 정답반응비율은 [그림 3−3]과 같다.

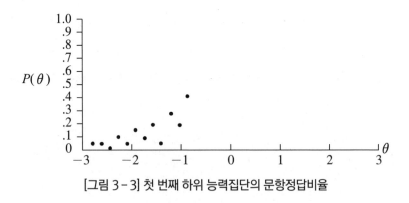

[그림 3−3] 첫 번째 하위 능력집단의 문항정답비율

문항특성곡선을 자료에 맞추기 위해 최대우도 추정법이 사용되고 계산된 문항모수 추정치의 값들은 $b(1)=−.39$, $a(1)=1.27$이다. 이 추정치

들에 의해 규명된 문항특성곡선은 첫 번째 집단 피험자들의 능력범위에
서 그려진다. 이 곡선은 [그림 3-4]와 같다.

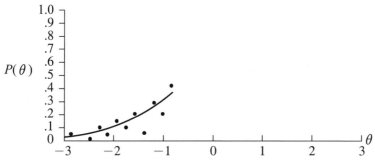

[그림 3-4] 첫 번째 하위 능력집단의 관찰된 문항정답비율에 적합한
문항특성곡선

이 과정을 두 번째 집단인 상위 능력집단에 대해서도 반복하면 관찰된
정답반응비율은 [그림 3-5]와 같고, 최대우도 추정법에 의하여 추정된
문항모수 추정치는 b(2)=-.39와 a(2)=1.27이다. 문항모수 추정치에
의하여 문항특성곡선을 그리면 [그림 3-6]과 같다.

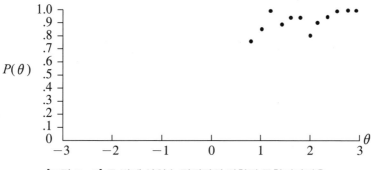

[그림 3-5] 두 번째 상위 능력집단의 관찰된 문항정답비율

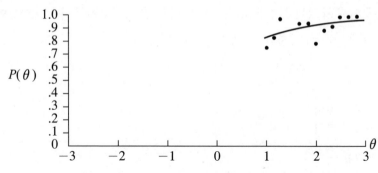

[그림 3-6] 두 번째 상위 능력집단의 관찰된 문항정답비율에 적합한
문항특성곡선

　홍미로운 결과는 b(1)=b(2) 그리고 a(1)=a(2)이다. 즉, 능력이 다른
두 집단의 문항반응자료를 가지고 문항을 분석하여도 같은 문항모수치
를 얻는다는 것이다. 그러므로 문항모수치들은 피험자 집단의 특성에 의
해 영향을 받지 않는다. 문항모수의 집단불변성 개념은 관찰된 두 집단
의 정답반응비율에 적합한 문항특성곡선을 그리는 과정을 통해 쉽게 입
증될 수 있다. 집단 1은 낮은 평균능력 -2를 갖기 때문에 집단 1에 퍼져
있는 능력수준의 범위에는 문항특성곡선의 왼쪽 낮은 꼬리부분만이 나
타난다. 그러므로 관찰된 정답반응비율은 매우 작은 값부터 적당한 값까
지의 범위를 가질 것이다. 이 자료에 적합한 문항특성곡선을 그리면 문
항특성곡선의 왼쪽 낮은 꼬리부분이 된다. 예를 들어, [그림 3-4]를 참조
하면 쉽게 이해할 수 있을 것이다. 집단 2는 높은 평균능력 +2를 갖기 때
문에 관찰된 정답반응비율은 중간수준의 값으로부터 거의 1.0에 가까운
값의 범위를 갖는다. 문항특성곡선을 이 자료에 맞추면 그 곡선의 오른
쪽 상단 부분이 [그림 3-6]에서 제시된 것처럼 나타난다. 같은 문항이
두 집단에서 시행되었기에 두 곡선을 맞추는 과정은 동일한 하나의 문항

특성곡선으로부터 연루된다. 결론적으로 두 분석에 의해 산출된 문항모
수치들은 동일한 것이 된다. [그림 3-7]은 각기 다른 두 능력집단으로부
터 만들어진 두 조각의 문항특성곡선이 하나의 단일한 문항특성곡선으
로 합치되는 과정을 설명하고, 연결된 하나의 문항특성곡선이 두 집단에
서 관찰된 정답비율에 적합함을 보여 주고 있다.

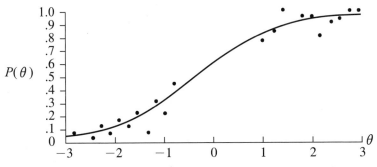

[그림 3-7] 두 집단을 합쳤을 때 문항정답비율에 적합한 문항특성곡선
b=-.39, a=1.27

문항특성의 불변성은 문항반응이론의 최대 강점 중 하나이다. 이는 문
항의 모수치는 문항에 반응하는 집단의 속성이 아니라 문항이 가지고 있
는 자체의 속성이라는 것이다. 고전검사이론에서는 이와 반대의 결과를
갖는다. 고전검사이론에서의 문항난이도는 피험자 집단의 전체 피험자
중 답을 맞힌 피험자의 비율이다. 그렇기 때문에 b=0을 가진 어떤 문항
을 가지고 낮은 능력집단에 검사를 실시하였다면 피험자들은 거의 그 문
항을 맞히지 못하였을 것이다. 이 집단에서 고전검사이론에 의한 문항난
이도 지수는 낮은 값, 예를 들어 .3을 가질 것이다. 같은 문항을 높은 능
력집단에 검사를 실시하면 대부분의 피험자들은 그 문항을 맞힐 것이다.

높은 능력집단에서의 고전검사이론에 의한 문항난이도지수는 높은 값, 즉 그 문항은 이 집단에게는 쉽다는 사실을 지적하는 .8을 얻을 것이다. 이를 볼 때 고전검사이론에 의한 문항난이도는 집단의 특성에 따라 결과가 변화하는 문제를 안고 있다. 이 같은 문제를 해결하여 주는 문항반응이론에 의한 문항난이도 추정치는 피험자 집단의 특성에 따라 영향을 받지 않는 독립성을 지니고 있기 때문에 해석이 용이하다.

주의

문항모수치들이 피험자 집단의 특성에 따라 변하지 않는다고 하여도 이것은 같은 문항에 응답한 두 집단의 피험자들의 문항반응자료를 가지고 최대우도추정법에 의해 산출된 문항모수 추정치들이 정확하게 똑같다는 것을 의미하지는 않는다. 계산된 문항모수의 추정치들은 피험자 집단의 피험자 수, 문항반응자료의 성격, 문항반응자료에 따른 문항반응모형의 적합도 등에 따라서 다소 차이가 있을 수 있다. 두 피험자 표본에 문항의 모수치를 알고 있는 문항을 실시하여도 두 피험자 표본집단으로부터 추정된 문항모수의 추정치는 다소 상이할 수 있다. 그러나 계산된 문항모수의 추정치들은 유사한 값을 가지게 된다.

관찰된 정답비율에 의한 문항모수치 추정과 문항특성곡선의 적합도 예

다음의 예들은 문항반응모형에 의하여 능력수준에 따라 피험자 집단에서 관찰된 정답비율에 부합하는 문항특성곡선을 보여 주고 있다. 설명한 바와 같이 실제적인 정답비율의 문항반응자료에 근거하여 문항특성인 문항모수치를 추정할 때 문항반응모형에 따라 문항모수치가 다소 다르게 추정됨을 알 수 있다. 각 문항반응모형에 의한 문항모수치 추정과 문항특성곡선의 적합도를 그림을 통하여 이해하도록 하자.

1 – 모수 로지스틱모형

[그림 3 – 8]과 [그림 3 – 9]는 능력수준에 따라 관찰된 문항정답비율에 적합한 1 – 모수 문항반응모형의 문항특성곡선을 보여 주고 있다.

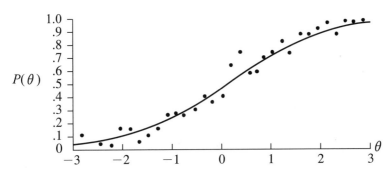

[그림 3 – 8] 관찰된 문항정답비율에 의한 1 – 모수 로지스틱모형의
문항특성곡선

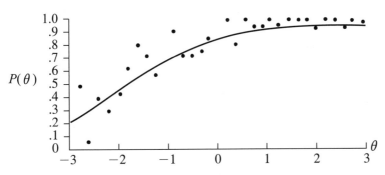

[그림 3 – 9] 관찰된 문항정답비율에 의한 1 – 모수 로지스틱모형의
문항특성곡선

[그림 3 – 8]에서 능력수준에 따라 관찰된 정답비율을 통과하여 이 점들을 대표하는 문항특성곡선을 그리면, 능력이 낮은(-3) 피험자 집단의

정답비율은 0에 가깝고 높은 능력(+3)을 가진 피험자 집단의 정답비율은 1.0에 가깝다. 또한 문항의 답을 맞힐 확률 .5에 대응하는 능력수준의 점은 0과 1 사이에 놓이게 됨을 알 수 있다. 모든 피험자가 문항에 응답한 문항반응벡터를 가지고 최대우도 추정법에 의하여 문항모수치를 추정한 결과, 문항난이도는 .23이며, 1-모수 로지스틱모형에 의하여 그려진 문항특성곡선의 적합도는 공식 (3-1)에 의하면 14.98이었다.

[그림 3-9]는 피험자 집단에 따라 관찰된 정답비율이 낮은 능력집단들에서는 대체적으로 높으나 흩어져 있으며, 높은 피험자 능력집단에서는 1.0에 가까우며 흩어져 있지 않다. 이 점들을 대표하는 문항특성곡선을 그렸을 때 문항의 답을 맞힐 확률 .5에 해당하는 능력수준이 -2와 -1 사이에 놓이는 쉬운 문항임을 알 수 있다. 최대우도 추정법에 의한 문항난이도는 -1.83이며, 문항특성곡선의 적합도 지수는 40.32로 높다. 그 이유는 정답비율을 대표하는 문항특성곡선으로부터 능력수준이 1미만인 피험자 집단들의 정답비율이 매우 흩어져 있기 때문이다. 각 능력 수준에 따른 피험자 집단의 정답비율이 문항특성곡선으로부터 흩어져 있을수록 문항특성곡선의 적합도 지수는 높아진다. 1-모수모형은 문항변별도가 1.0으로 고정되어 있으므로 실제 관찰된 문항정답비율과 적합하지 않아 문항특성곡선의 적합도 지수가 높은 경우가 빈번하다. 이러한 경우에는 2-모수모형이나 3-모수모형을 선택하는 것이 바람직하다.

2 - 모수 로지스틱모형

[그림 3 - 10]은 능력수준에 따른 각 피험자 집단의 관찰된 정답비율에 부합하는 2 - 모수 로지스틱모형에 의한 문항특성곡선을 보여 주고 있다.

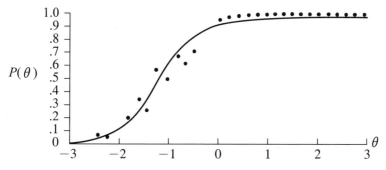

[그림 3 - 10] 관찰된 문항정답비율에 의한 2 - 모수 로지스틱모형의
문항특성곡선

관찰된 정답비율을 살펴보면 능력수준 0 이상인 피험자 집단에서 문항의 답을 맞힐 확률은 거의 1.0에 가까우며 능력수준이 -3인 집단에서는 정답비율이 0에 가깝다. 능력수준범위 -3에서 0 사이의 피험자들의 정답비율의 차이는 1.0이므로 문항난이도는 쉬우면서 문항변별도는 매우 높음을 알 수 있다. 그러므로 1 - 모수모형은 문항변별도가 1이므로 실제 문항응답자료에 적합하지 않음을 알 수 있고, 능력이 낮은 집단에서 정답비율도 0에 가까우므로 2 - 모수모형 적용이 적합하다. 최대우도 추정법에 의한 문항난이도는 -1.25이며, 문항변별도는 2.78로 문항난이도는 상대적으로 쉬운 편이고 변별력은 매우 높다. 또한 2 - 모수모형에 의한 문항특성곡선의 적합도 지수는 19.74이다.

3-모수 로지스틱모형

[그림 3-11]은 매우 흩어진 정답비율과 그에 따른 문항특성곡선을 보여 주고 있다.

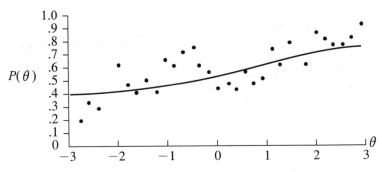

[그림 3-11] 관찰된 문항정답비율에 의한 3-모수 로지스틱모형의
문항특성곡선

우선 문항의 정답비율을 관찰하였을 때 양질의 문항이 아님을 직관적으로 알 수 있다. 능력수준이 낮은 −2에서 −3 사이의 피험자 집단에서의 정답비율은 .2에서 .6까지 흩어져 있으며 능력이 높은 +3수준의 피험자 집단이라도 정답비율은 .9에 가까운 것을 볼 때, 문항변별력은 매우 낮으며, 능력이 낮아도 문항을 맞힐 확률이 존재함을 간파할 수 있다. 그러므로 문항추측도를 고려하는 3−모수모형을 선택한 후 최대우도 추정법에 의하여 추정된 문항난이도는 1.57, 문항변별도는 .44 그리고 문항추측도는 .34이다. 그림에서와 같이 그려진 문항특성곡선은 관찰된 정답비율과 부합하는 3−모수모형이라 할지라도 흩어진 정답비율 때문에 공식 (3−1)에 의한 문항특성곡선 적합도 지수는 39.43이다.

연습 문제

1. 능력수준에 따라 응답한 정답비율이 다음 그림과 같다. 이 점들을 대표하는 1－모수모형에 의한 문항특성곡선을 그려보고 문항난이도를 추정하라. 또한 문항특성곡선의 적합도도 생각해 보라.

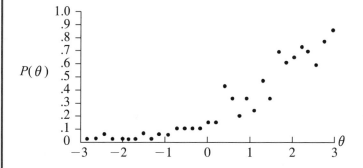

2. 다음 그림과 같이 능력수준에 따라 관찰된 정답비율이 있다. 문항 변별력이 매우 높으므로 1－모수모형이 아닌 2－모수모형에 의한 문항특성곡선을 그려보고 문항난이도와 문항변별도를 예측하여 보라. 만약 1－모수모형에 의한 문항특성곡선을 그리면 문항 난이도와 문항변별도는 2－모수모형에 의한 문항모수 추정치와 무엇이 다를까? 또한 2－모수모형과 1－모수모형에 의한 문항특성곡선의 적합도 지수를 비교하였을 때 어떤 모형에 의한 적합도 지수가 낮을까?

68

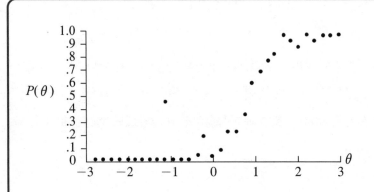

3. 다음 그림과 같이 능력수준에 따라 관찰된 정답비율이 있다. 어떤 형태의 문항반응모형이 실제 문항반응자료에 적합한지 그 이유를 설명하라. 그에 따른 문항모수 추정치를 예측하여 보자.

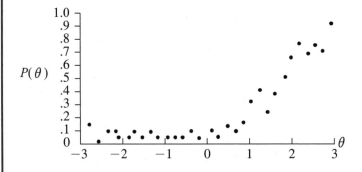

┤ 기억하여야 할 점 ├

1. 세 개의 문항반응모형하에서 추정된 문항모수치에 의한 문항특
   성곡선은 관찰된 정답반응비율에 전반적으로 알맞게 부합한다.
   예와 연습문제에서 문항특성곡선은 문항모수치에 의해 그려지는
   경우보다는 관찰된 정답반응비율에 의하여 그려지는 경우가 대
   부분이다. 그러나 가장 잘 제작된 검사에서 문항모수 추정치에 의
   해 그려진 대부분의 문항특성곡선은 실제 문항반응자료에 부합
   한다. 적합도의 결여는 문항에 대한 연구의 필요성과 더불어, 문
   항을 다시 제작하거나 삭제할 필요가 있음을 암시한다.

2. 두 집단에 검사를 실시하였을 때 두 집단의 피험자 능력 범위가
   다름에도 불구하고 똑같은 문항특성곡선이 만들어진다.

3. 일반적으로 피험자의 능력을 추정할 때 피험자 집단의 능력분포
   는 고려하지 않는다. 다만, 능력수준만이 관심의 대상이 된다. 얼
   마나 많은 피험자들이 이들 수준에 있는가는 문항특성곡선을 추
   정하는데 영향을 주지 않는다.

4. 두 피험자 집단의 능력수준이 다르고 문항이 정적(+) 변별력을
   갖는다면 낮은 능력집단은 문항특성곡선의 왼쪽 꼬리 부분을 그
   리고, 높은 능력집단은 오른쪽 상단 부분을 그린다.

5. 문항모수치들은 두 피험자 집단의 능력범위가 겹치든지 그렇지
   않든지 간에, 집단에 의해 영향을 받지 않는다. 그래서 피험자 집
   단의 능력범위가 겹치는지 여부를 고려하지 않는다.

6. 문항특성의 불변성 원칙은 세 문항반응모형에 모두 적용된다.

7. 실제 문항반응자료를 사용하여 문항모수치를 추정하면, 계산된 문항모수 추정치가 피험자 집단 표본의 표집분산에 따라 다소 변화된다는 사실을 주지해야 한다. 따라서 똑같은 검사를 여러 피험자 집단에 여러번 실시한 후 계산된 문항모수 추정치들은 정확하게 똑같지 않다. 그러나 이것이 문항모수의 집단불변성 원칙, 즉 문항특성의 불변성 원칙이 타당하지 못하다는 것을 의미하는 것은 아니다.

4. 검사특성곡선

문항반응이론은 검사의 각 문항들에 근거하고 있다. 이런 관점에서 앞장에서 문항 하나하나에 대하여 설명하였다. 이제부터 한 검사 안에 있는 모든 문항을 동시에 고려하고자 한다. 채점을 할 때 각 문항에 대한 피험자들의 반응은 이분적으로 채점을 한다. 올바른 응답에는 1의 점수를 주고, 틀린 응답에는 0의 점수를 준다. 피험자의 원점수(raw score)는 문항점수들의 합계에 의하여 얻어진다. 이 원점수는 항상 정수일 것이고 N개의 문항으로 구성된 검사에서 최저점은 0점이고 최고점은 N점이 된다. 만약 피험자들이 그 시험을 다시 칠 때, 그들이 이전에 그 문항에 어떻게 응답하였는지 기억하지 못한다면 다른 점수를 얻게 될 것이다. 가상적으로 한 명의 피험자는 아주 여러 번 같은 시험을 반복해서 칠 수 있고 다른 점수를 얻을 수 있다. 이 같이 각기 다른 점수들은 어떤 평균값 주위에 밀집할 것이라고 예상할 수 있다. 측정이론에서 이 점수들의 평균값은 진점수로서 알려져 있다. 고전검사이론에서는 반복시행에 의한 많은 관찰점수, 관찰점수의 평균은 진점수로, 관찰점수에서 진점수를 빼면 오차점수라는 개념을 가지고 이론을 전개한다.

진점수(True Score)

문항반응이론에서는 D. N. Lawely에 의한 진점수(True Score)의 정의를 사용한다. 진점수 계산은 공식 (4-1)과 같다.

$$TS_j = \sum_{i=1}^{N} P_i(\theta_j) \qquad (4-1)$$

TS_j: 능력수준 θ_j를 가지는 피험자의 진점수

i: 문항

$P_i(\theta_j)$: 능력수준 θ_j를 가진 피험자가 문항 i의 답을 맞힐 확률

공식 (4-1)에 의하여 주어진 능력수준을 지니고 있는 피험자의 진점수를 계산할 수 있다. 이를 설명하기 위하여 네 문항으로 구성되어 있는 검사에서 능력수준이 1.0인 피험자의 진점수를 계산하기 앞서, 각 문항의 답을 맞힐 확률을 계산한다. 문항의 답을 맞힐 확률은 제2장에서 설명한 2-모수모형을 위한 공식과 절차에 의하여 계산할 수 있다.

문항 1:

$$P_1(1.0) = \frac{1}{1 + e^{-.5(1.0-(-1.0))}} = .73$$

계산 과정을 좀 더 명확하게 하기 위하여 [그림 4-1] 위에 그려진 선은

문항특성곡선상에서 $\theta = 1.0$과 $P_1(\theta) = .73$ 사이의 관계를 보여 준다.

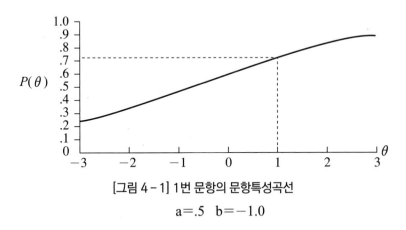

[그림 4 - 1] 1번 문항의 문항특성곡선

a=.5 b=-1.0

문항 2:

$$P_2(1.0) = \frac{1}{1 + e^{-1.2(1.0 - .75)}} = .57$$

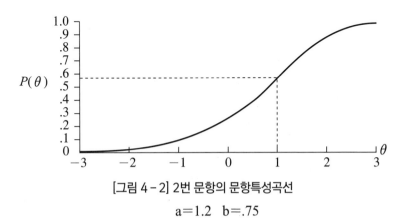

[그림 4 - 2] 2번 문항의 문항특성곡선

a=1.2 b=.75

74

문항 3:

$$P_3(1.0) = \frac{1}{1+e^{-.8(1.0-.0)}} = .69$$

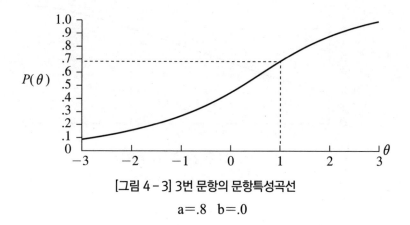

[그림 4 – 3] 3번 문항의 문항특성곡선

a=.8 b=.0

문항 4:

$$P_4(1.0) = \frac{1}{1+e^{-1.0(1.0-.5)}} = .62$$

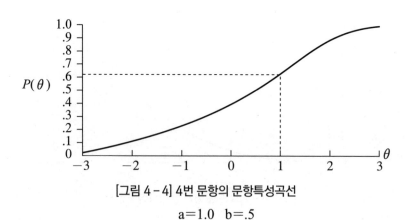

[그림 4 – 4] 4번 문항의 문항특성곡선

a=1.0 b=.5

이제 능력수준 1.0에서의 진점수를 얻기 위하여 네 문항에 대한 답을
맞힐 확률을 더한다.

$$TS = .73 + .57 + .69 + .62 = 2.61$$

이 검사에서 1.0의 잠재 능력을 지니고 있는 피험자의 진점수는 2.61
일 것이다. 이 점수는 능력수준 1.0에서 문항의 답을 맞힐 확률은 모든 문
항에서 .5보다 높아 진점수도 높다. 실제의 검사들은 네 문항보다 훨씬
많은 문항으로 되어 있으나 진점수를 계산하는 방법과 절차는 동일하다.

검사특성곡선(Test Charateristic Curve)

앞에서 진점수 계산은 능력수준이 1.0일 때이다. 그러므로 진점수 계
산은 음의 무한대에서부터 양의 무한대까지의 능력척도를 따라 어떤 수
준에서도 진점수를 계산할 수 있다. 이 같은 진점수들은 능력의 함수로
서 나타낼 수 있다. 수직의 축은 진점수를 나타내고, 0에서부터 검사의
문항 수까지의 범위를 갖는다. 수평의 축은 능력척도이다. 그려진 진점
수들은 부드러운 곡선의 형태를 갖게 되며 이 곡선을 검사특성곡선이라
한다. [그림 4-5]는 10문항을 가진 검사의 전형적인 검사특성곡선을 보
여 준다.

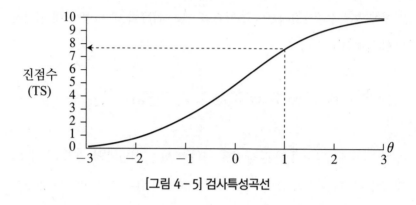

[그림 4 – 5] 검사특성곡선

검사특성곡선은 진점수와 능력척도 사이의 함수관계이다. 주어진 어떤 능력수준에 부합하는 진점수는 검사특성곡선을 통하여 찾을 수 있다. 예를 들어, [그림 4 – 5]에서 잠재된 능력수준이 1.0인 피험자가 10문항으로 구성된 검사에서 진점수를 알기 위하여 1.0능력점수에서 검사특성곡선과 교차할 때까지 위로 수직의 선을 그린 후, 교차점에서 진점수척도와 교차할 때까지 왼쪽으로 수평선을 그린다. 이 선은 능력점수 1.0을 가진 피험자가 7.8의 진점수를 얻을 수 있음을 알려 준다.

1 – 모수모형 또는 2 – 모수모형을 사용하여 N개의 문항들로 구성되어 있는 검사의 검사특성곡선을 그릴 때 검사특성곡선의 왼쪽 꼬리는 능력점수가 음의 무한대로 접근할수록 0에 접근한다. 또한 오른쪽 상단 부분은 능력점수가 양의 무한대로 접근할수록 검사의 문항 수, 즉 N에 접근한다. 이것의 함축된 의미는, 이러한 1 – 모수모형 또는 2 – 모수모형에서는 0의 진점수는 음의 무한대 능력점수에 일치하고, N의 진점수는 양의 무한대 능력점수와 일치한다는 것이다. 3 – 모수모형이 N개의 문항들로 구성된 검사에 사용되었을 때 검사특성곡선의 낮은 쪽의 꼬리는 0보다는 오히려 검사 문항들에 대한 추측모수들의 합계에 접근한다. 이

것은 이 모형하에서 매우 낮은 능력의 피험자가 단지 추측에 의해 검사점수를 얻을 수 있다는 사실을 반영한다. 검사특성곡선의 오른쪽 상단 부분은 여전히 검사의 문항 수에 접근한다.

문항반응이론에서 검사특성곡선의 주된 역할은 능력점수를 진점수로 변환시키는 것이다. 이것은 검사의 사용자가 교육적인 실제 상황에서 문항반응이론에 의한 능력점수를 해석하기가 곤란할 때 사용할 수 있다. 능력점수를 진점수로 변환해서 사용자는 검사의 문항 수와 관계되는 점수를 얻을 수 있다. 이 점수는 우리에게 익숙하고, 능력점수를 쉽게 해석할 수 있게 한다. 그러나 문항반응이론에 익숙한 사람들은 능력점수 자체를 직접적으로 해석할 수 있다. 검사특성곡선은 또한 동형 검사 제작 및 검사동등화를 위하여 중요한 역할을 한다.

검사특성곡선의 일반적인 형태는 단조증가함수의 형태이다. 가끔 검사특성곡선은 문항특성곡선과 같이 부드러운 S자 형태를 가진다. 어떤 경우에는 검사특성곡선은 부드럽게 증가하며 다시 증가하기 전까지 약간의 수평선을 가진다. 모든 경우에서 검사특성곡선은 오른쪽 상단 부분이 N의 값에 점근선적이다. 검사특성곡선의 형태는 문항 수, 선택된 문항반응모형, 그리고 문항모수치들에 의해 변화된다. 그렇기 때문에 문항특성곡선에 대한 공식이 있는 것과는 달리, 공식 (4−1) 이외에는 검사특성곡선을 위한 공식은 없다. 검사특성곡선을 얻을 수 있는 유일한 방법은 주어진 문항특성곡선모형을 사용하여 검사에서 모든 문항에 대한 각 능력수준에서 문항의 답을 맞힐 확률을 계산하는 것이다. 일단 이러한 확률들이 구해지면 그것들은 각 능력수준에서 더해지고 그 합계는 검사특성곡선을 얻기 위해 도표 위에 그려진다.

검사특성곡선의 형태는 능력척도 위의 피험자 능력 점수들의 빈도분포에 의존하지 않는다는 것을 이해하는 것이 매우 중요하다. 이 점에서 검사특성곡선은 문항특성곡선과 유사하다. 문항특성곡선과 검사특성곡선은 두 척도 사이의 함수관계이고 척도 위의 점수분포에 의존하지 않는다.

검사특성곡선은 대체적으로 문항특성곡선을 설명하기 위하여 사용된 용어로 유사하게 해석할 수 있다. 중간 진점수(검사의 문항수 나누기 2, 즉 N/2)에 대응하는 능력수준은 검사를 능력척도에 따라 위치하게 한다. 검사특성곡선의 일반적 기울기는 피험자의 능력수준에 따라 진점수가 얼마나 변화하느냐를 설명한다. 어떤 상황에서 검사특성곡선은 넓은 능력척도 범위에서 거의 직선이다. 그러나 대부분의 검사에서 검사특성곡선은 직선이 아니며, 검사특성곡선의 기울기는 축소된 능력수준의 범위에서 설명력을 가지고 있다. 검사특성곡선을 위한 명확한 공식은 없기 때문에 그 곡선을 위한 모수들도 없다. 중간 진점수에 대응하는 능력수준의 점은 검사 난이도를 의미한다. 그러나 검사특성곡선의 기울기는 언어적 용어로 가장 잘 정의할 수 있을 것이다. 거의 해석상의 목적을 위하여 검사난이도, 검사의 변별도(기울기)란 두 용어를 설명하였고, 검사특성곡선에서 두 특성은 쉽게 이해될 것이다.

검사특성곡선의 예

다섯 문항으로 구성되어 있는 검사가 있고 문항난이도와 변별도는 다음과 같다.

문항	문항난이도(b)	문항변별도(a)
1	−2.0	.50
2	−1.0	.75
3	0.0	1.00
4	1.0	.75
5	2.0	.50

능력수준 −3에서 +3까지를 1.0 단위로 7단계 구분하여 2−모수 문항반응모형에 의한 검사특성곡선은 [그림 4−6]과 같다.

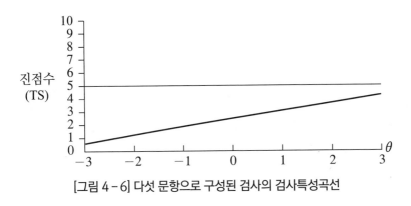

[그림 4−6] 다섯 문항으로 구성된 검사의 검사특성곡선

그림에서 수평선은 문항 수를 나타낸다. 검사특성곡선이 나타내는 진점수의 이론적 범위는 0에서 문항 수까지이다. 음의 무한대 능력을 가지고 있는 피험자의 진점수는 0에 가깝고, 양의 무한대 능력을 가지고 있는 피험자의 진점수는 검사의 만점에 가깝다. 검사특성곡선은 능력수준 −2에서 +2 사이에 거의 선형관계에 있고 그 능력범위를 벗어나던 약간 부드러운 곡선을 보이고 있다. 그러나 전반적으로 모든 능력범위에서 능력수준과 진점수 사이에는 선형관계를 유지하며 .5 정도의 기울기를 갖

는다. 낮은 검사변별력은 낮은 수준과 적절한 수준의 각 문항변별도 모수치들에 기인하며, 검사난이도로 고려되는 진점수의 절반인 2.5점에 해당하는 능력수준은 0.0으로, 중간수준의 난이도를 가진 검사라 할 수 있다.

┤ 연습 문제 ├

〈1 - 모수 로지스틱 문항반응모형〉

1. 다섯 문항으로 구성된 검사에서 문항난이도가 같을 때 검사특성 곡선은 하나의 문항특성곡선과 무엇이 유사하고 무엇이 다른가?

2. 세 문항으로 구성되어 있는 검사의 검사특성곡선을 그리고 검사 난이도와 검사변별도를 분석하라. 능력범위는 −3에서 +3까지 1.0의 단위로 구분하여 계산하라.

　　　　$b = -1.5, -1.0, .0$

3. 다섯 문항으로 구성되어 있는 검사의 검사특성곡선을 그리고 검 사의 난이도는 어떤 값을 갖고 변별력은 어떠한지 분석하라. 검사 특성곡선이 능력범위에 따라 어떤 형태로 변화하는지 분석하라. 그리고 그 이유는 무엇인가? 능력범위는 −3에서 +3까지 1.0의 단위로 구분하여 계산하라.

　　　　$b = -1.0, -.5, .0, .5, 1.0$

4. 열 개의 문항들로 구성되어 있는 검사의 검사특성곡선을 그리고, 검사의 난이도는 어떤 값을 갖고 변별력은 어떠한지 분석하라. 검사특성곡선이 어떤 형태인지 논하라. 능력범위는 −3에서 +3 까지 1.0의 단위로 구분하여 계산하라.

　　　　$b = -.8, -.5, -.5, 0, 0, 0, .5, .5, .5, .8$

82

〈2 - 모수 로지스틱 문항반응모형〉

5. 문항변별도는 모두 1이고 문항난이도가 다른 3개의 문항으로 구
성되어 있는 검사의 검사특성곡선을 −3에서 +3의 능력범위에
서 그리라. 또한 어떤 형태를 가지는지, 1 - 모수 로지스틱모형에
의하여 그린 검사특성곡선과 어떤 차이가 있는지 비교하라. 그리
고 검사난이도는 어떤 값을 가지는가?

　　　b=−1.0, .5, 1.5

6. 문항난이도는 모두 0이고 문항변별도가 다른 다섯 문항으로 구성
되어 있는 검사의 검사특성곡선을 −3에서 +3의 능력범위에서
그리고 어떤 형태인지 설명하라. 그리고 검사난이도와 검사변별
도는 어떤 값을 가지는가?

　　　a=.4, .8, .4, .8, .4

7. 문항난이도와 변별도가 다음과 같이 각기 다른 다섯 문항으로 구
성된 검사가 있다. 능력범위 −3과 +3 사이에서 검사특성곡선을
그리라. 그리고 검사난이도와 검사변별도를 분석하라.

	b	a
1	−2.0	.4
2	−1.5	1.7
3	−1.0	.9
4	−.5	1.6
5	.0	.8

〈3－모수 로지스틱 문항반응모형〉

8. 문항의 모수치가 다음과 같은 다섯 문항이 있다. 3－모수모형에 의한 검사특성곡선을 능력범위 －3에서 ＋3까지에 그리고, 검사 난이도와 검사특성곡선의 기울기를 분석하라.

	b	a	c
1	1.0	1.2	.25
2	1.2	.9	.20
3	1.5	1.0	.25
4	1.8	1.5	.20
5	2.0	.6	.30

9. 8번의 다섯 문항의 문항모수치를 가지고 2－모수모형과 1－모수 모형에 의한 검사특성곡선을 그리고, 각 문항반응모형에 따른 검사특성곡선을 비교·분석하라.

┤기억하여야 할 점├

1. 진점수와 능력수준의 관계

   a. 능력수준이 주어지면 그에 대응하는 진점수는 검사특성곡선에 의하여 알 수 있다.

   b. 진점수가 주어지면 그에 대응하는 능력수준은 검사특성곡선에 의하여 알 수 있다.

   c. 진점수와 능력점수는 모두 연속변수이다.

2. 검사특성곡선의 형태

   a. 문항수가 하나인 검사에서 진점수는 0에서 1까지의 범위를 가지고 검사특성곡선의 형태는 한 개의 문항에 대한 문항특성곡선과 동일하다.

   b. 검사특성곡선은 항상 문항특성곡선의 형태와 같지 않다. 검사특성곡선은 다양한 기울기와 다양하게 평평한 범위를 가질 수 있다. 이 같이 검사특성곡선들이 넓은 범위의 값들을 가지는 이유는 여러 문항의 문항모수치들의 합성을 반영하기 때문이다.

   c. 중간진점수(N/2)에서의 능력수준은 주로 문항난이도 모수치들의 평균값에 의존한다. 그리고 그 검사가 능력척도 위의 함수라는 것을 지시한다.

   d. 문항난이도의 값이 제한된 범위를 가질때 검사특성곡선의 기울기는 주로 문항변별도 모수들의 평균값에 의존한다. 문항난이도의 값들이 능력척도 위에 넓게 퍼져 있을 때 검사특성곡선의 기울기는 비록 문항변별도들의 값이 같더라도 낮아질 것이다.

e. 3－모수모형하에서 진점수의 하한계는 그 검사의 N개의 문항
에 대한 문항추측도 모수 c값의 합이다.

f. 검사특성곡선의 형태는 검사의 문항 수, 문항반응모형, 그리고
그 검사 안에 있는 각 문항모수치들의 합성에 의하여 변화된다.

3. 능력이 증가할수록 감소하는 검사특성곡선을 그리는 것이 가능
할 것이다. 이를 위하여 검사에서 각 문항은 부적인 변별력을 가
져야 한다. 그러한 검사는 피험자의 능력수준이 높을수록 피험자
에 의하여 더욱 낮은 점수가 기대되기 때문에 매우 나쁜 검사이다.

5. 피험자 능력 추정

문항반응이론에서 검사를 실시하는 근본적인 목적은 피험자가 소유하고 있는 능력이 능력척도상의 어디에 위치하는가를 밝히는 데 있다. 이같이 시험을 본 각 피험자들의 능력을 추정하면 두 가지의 목적을 달성할 수 있다. 첫 번째는 피험자가 측정하고자 하는 영역에 얼마만큼의 능력을 소유하고 있는지 알 수 있으며, 두 번째는 장학금 수여, 학점 부여 등을 위하여 피험자들을 상호비교할 수 있다는 것이다. 그러므로 제5장에서는 피험자의 능력을 추정하는 절차를 설명한다.

인간이 가지고 있는 알지 못하는 잠재적 능력을 측정하기 위하여 N개의 문항으로 구성되어 있는 검사를 사용한다. 제3장에서는 피험자들의 능력은 알고 있음을 가정하고 문항의 모수치를 추정하는 방법을 다루었다. 반대로 제5장에서는 피험자들의 능력을 추정하기 위하여 문항의 모수치를 알고 있다고 가정한다. 이 같은 가정의 직접적 결과로서 능력척도의 척도단위가 알고 있는 문항모수의 척도단위와 같음을 알 수 있다. 검사를 시행하였을 때 피험자는 검사에서 N개 문항에 각기 응답하고 그 응답은 이분적으로 채점이 된다. 피험자의 응답에 따라 각 문항에 0점 혹은 1점을 부여하는 것이 일반적이다. N개의 문항에 각각 0점 혹은 1점을 부여한 목록을 문항반응벡터(item response vector)라 부른다. 알지 못하는 피험자의 능력을 추정하기 위하여 문항반응벡터와 알고 있는 문항모수치들을 사용한다.

피험자 능력 추정절차(Ability Estimation Procedures)

문항반응이론에서 피험자의 능력을 추정하기 위하여 최대우도 추정법을 사용한다. 문항모수치의 추정 과정과 같이, 피험자 능력 추정의 절차도 반복적 과정을 거친다. 피험자 능력은 알고 있는 문항의 모수치와 피험자능력의 초기값을 가지고 추정하며, 이는 각 피험자가 문항의 답을 맞힐 확률을 계산한다. 그다음 피험자의 실제 문항반응벡터와 앞에서 계산한 문항을 맞힐 확률과의 일치성을 증가시키기 위하여 전 단계에서 얻은 피험자 능력의 추정치를 교정한다. 이 같은 과정은 추정된 능력에 대한 변화가 무시하여도 좋을 만큼 매우 작을 때까지 능력추정의 교정을 반복한다. 그 결과 피험자 능력의 추정치를 얻게 된다. 피험자 능력을 추정하는 모든 절차는 피험자 개개인에 의존하고 있다. 그러므로 중요한 사실은 한 사람의 피험자 능력이 어떻게 추정되는가를 이해하는 것이다. 피험자 능력을 추정하는 공식은 (5-1)과 같다.

$$\hat{\theta}_{s+1} = \hat{\theta}_s + \frac{\sum_{i=1}^{N} a_i [U_i - P_i(\hat{\theta}_s)]}{\sum_{i=1}^{N} a_i^2 P_i(\hat{\theta}_s) Q_i(\hat{\theta}_s)} \qquad (5-1)$$

$\hat{\theta}_s$: s번째 반복교정을 통해 얻은 능력추정치

a_i : 문항 i의 변별도

U_i : 피험자의 문항 i에 대한 응답

$U_i = 1$ 문항 i를 맞힌 응답

$U_i = 0$ 문항 i를 틀린 응답

$P_i(\hat{\theta}_s)$: s번째 반복해서 추정된 능력 s값을 가진 피

험자가 문항 i의 답을 맞힐 확률

$Q_i(\hat{\theta}_s)$: $1 - P_i(\hat{\theta}_s)$

피험자의 능력을 추정하는 공식은 매우 간단함을 알 수 있다. 공식을 설명하면 등호의 오른쪽에 있는 $\hat{\theta}_s$는 능력을 추정하기 위하여 부여하는 초기값으로 1.0과 같은 임의의 수이다. 그리고 능력값 $\hat{\theta}$에 의해 문항을 맞힐 확률은 문항반응모형과 문항모수치에 의해 계산할 수 있다는 것을 이미 자세하게 설명한 바 있다. 등식의 + 기호 오른쪽에 분자 분모로 되어 있는 부분은 $\Delta\hat{\theta}$로 표기할 수 있으며 능력추정의 교정값이다. 즉, 공식 등호부분 왼쪽의 $\hat{\theta}_{s+1}$는 S번째 반복추정하여 얻은 능력추정치 $\hat{\theta}_s$에 $\Delta\hat{\theta}$를 더한 값이 된다. 다른 말로 $\hat{\theta}_{s+1}$은 $\hat{\theta}_s$값의 다음 단계 능력추정값이다.

공식의 분자 부분을 보면 능력추정을 위한 반복추정의 본질을 이해할 수 있다. $[U_i - P_i(\hat{\theta}_s)]$는 피험자의 실제 반응과 능력 $\hat{\theta}_s$를 가지고 있는 피험자가 문항의 답을 맞힐 이론적 확률과의 차이이다. 만약 피험자가 가지고 있는 능력을 제대로 추정하였다면 U_i값과 $P_i(\hat{\theta}_s)$의 차이가 작고, 나아가 N개로 구성되어 있는 검사에서 이 차이의 합은 매우 작을 것이다.

피험자의 능력을 추정하는 기본 원리는 검사의 모든 문항을 통하여 $[U_i - P_i(\hat{\theta}_s)]$의 총합을 최소화하기 위한 $P_i(\hat{\theta}_s)$값을 계산하는 능력추정치를 찾는 것이다. 실제 문항반응과 문항을 맞힐 확률과의 차이의 합

이 최소화될 때, $\Delta\hat{\theta}$값은 매우 작게 될 것이고 $\hat{\theta}_{s+1}$는 반복추정을 한다 하여도 변하지 않을 것이다. S번째 반복능력추정을 하여 $\hat{\theta}_s$를 얻은 후 그다음의 반복추정에서 얻은 $\Delta\hat{\theta}$값이 매우 작아 0에 가까울 때, 능력추정을 위한 반복교정은 끝나고 피험자의 능력은 $\hat{\theta}_{s+1}$값이 된다. 이때 능력추정치는 문항특성추정치와 같이 동일한 척도단위를 갖는다. 능력추정을 위한 공식 (5−1)은 세 가지의 문항반응모형에 사용할 수 있으나, 3−모수모형을 위해서는 약간의 수정이 필요하다.

세 개의 문항으로 구성되어 있는 검사를 가지고 2−모수모형하에서 피험자 유진이의 능력을 추정하려 한다. 세 문항에 대한 문항모수치는 다음과 같다.

문항	b	a
1	−1.0	1.0
2	0.0	1.2
3	1.0	.8

세 문항에 대한 유진이의 응답의 정답 여부는 다음과 같다.

문항	정답
1	1
2	0
3	1

유진이의 능력을 추정하기 위하여 능력추정의 초기값을 $\hat{\theta}_s = 1.0$으로 한 첫 번째 반복능력추정($\hat{\theta}_s = 1.0$)

문항 i	U_i	$P_i(\hat{\theta}_s)$	$Q_i(\hat{\theta}_s)$	$a_i[U_i - P_i(\hat{\theta}_s)]$	$a^2 P_i(\hat{\theta}_s)Q_i(\hat{\theta}_s)$
1	1	.88	.12	.119	.105
2	0	.77	.23	$-$.922	.255
3	1	.5	.5	.400	.160
			합	$-$.403	.520

$$\Delta\hat{\theta} = \frac{\sum a_i[U_i - P_i(\hat{\theta}_s)]}{\sum a_i^2 P_i(\hat{\theta}_s)Q_i(\hat{\theta}_s)} = \frac{-.403}{.520} = -.773$$

$$\hat{\theta}_{s+1} = \hat{\theta}_s + \Delta\hat{\theta} = 1.0 - .773 = .227$$

두 번째 반복능력추정($\hat{\theta}_s = .227$)

문항 i	U_i	$P_i(\hat{\theta}_s)$	$Q_i(\hat{\theta}_s)$	$a_i[U_i - P_i(\hat{\theta}_s)]$	$a^2 P_i(\hat{\theta}_s)Q_i(\hat{\theta}_s)$
1	1	.77	.23	.227	.175
2	0	.57	.43	$-$.681	.353
3	1	.35	.65	.520	.146
			합	.066	.674

$$\Delta\hat{\theta} = \frac{.066}{.674} = .097$$

$$\hat{\theta}_{s+1} = .227 + .097 = .324$$

세 번째 반복능력추정($\hat{\theta}_s = .324$)

문항 i	U_i	$P_i(\hat{\theta}_s)$	$Q_i(\hat{\theta}_s)$	$a_i[U_i - P_i(\hat{\theta}_s)]$	$a^2 P_i(\hat{\theta}_s)Q_i(\hat{\theta}_s)$
1	1	.79	.21	.2102	.1660
2	0	.60	.40	$-$.7152	.3467
3	1	.37	.63	.505	.1488
			합	.0006	.6615

$$\Delta\hat{\theta} = \frac{.0006}{.6615} = .0009$$

$$\hat{\theta}_{s+1} = .324 + .0009 = .3249$$

이 단계에서 능력추정을 위한 교정값이 .0009로 매우 작기 때문에 능력추정이 끝난다. 유진이의 능력은 .325이다. 불행하게도 피험자가 지니고 있는 진짜 능력을 알지 못하므로 가장 최선의 방법은 피험자의 잠재된 능력을 추정하는 것이다. 피험자 능력을 추정하는 과정에서 능력추정의 오차가 있을 수 있다. 이를 능력추정의 정밀성 정도를 말해 주는 능력추정의 표준오차(standard error of the estimated ability)라 한다.

능력추정의 표준오차의 기본 원리는 다음과 같다. 피험자가 사전검사에 어떻게 응답하였는지를 기억하지 못하며 동일한 검사를 계속 반복하여 실시하였다고 가정하자. 각각의 검사 시행에 의하여 피험자의 능력을 각각 추정할 수 있다. 이럴 때 능력추정치들은 알지 못하는 피험자 능력 값을 중심으로 흩어져 있으며, 능력 추정의 표준오차는 능력추정치의 흩어진 정도를 말하는 계수이다. 능력 추정의 표준오차는 공식 (5-2)로 계산한다.

$$\mathrm{SE}(\theta) = \frac{1}{\sqrt{\displaystyle\sum_{i=1}^{N} a_i^2 P_i(\hat{\theta}) Q_i(\hat{\theta})}} \qquad (5-2)$$

재미있는 사실은 능력추정의 표준오차 계산 공식의 분모의 제곱근 안에 있는 부분은 공식 (5-1)의 분모와 동일하다는 것이다. 여기서 알 수 있는 것은 능력추정의 표준오차는 피험자의 능력을 추정하는 과정에서 나타나는 산물이라는 것이다.

앞의 예에서 유진이의 능력추정 표준오차는 다음과 같다.

$$\mathrm{SE}(\theta) = \frac{1}{\sqrt{.6615}} = 1.23$$

표준오차가 크다는 사실은 피험자의 능력이 정확하게 추정되지 않았다는 사실을 의미한다. 유진이의 경우 세 문항으로 구성된 검사를 가지고 능력을 추정하였기에 정확한 능력을 추정하지 못하였다. 다음 장을 보면 피험자 능력추정의 표준오차가 문항반응이론에서 매우 중요한 역할을 한다는 것을 알 수 있을 것이다.

피험자 능력을 추정하기 위하여 결합최대우도 추정법(joint maximum likelihood estimation)을 사용할 때 다음 두 가지의 경우에 피험자의 능력을 추정할 수 없다. 첫 번째 경우는 피험자가 문항을 하나도 맞추지 못하였을 때로, 그 피험자의 능력은 음의 무한대이다. 두 번째 경우는 피험자가 모든 문항의 답을 맞추었을 때, 즉 틀린 문제가 하나도 없을 때로 피험자의 능력은 양의 무한대이다. 그러므로 결합최대우도 추정법을 이용하여 능력을 추정하는 컴퓨터 프로그램은 만점을 받은 피험자나, 0점을 받은 피험자의 자료는 제거하고 분석을 하며, 그 피험자들의 능력추정치를 수치값으로 표현하지 않고 *****표시로 대신한다. 그러나 최근에 제안된 주변최대우도 추정법과 베이지안 통계 방법을 사용하여 피험자 능력을 추정하면 0점을 받은 피험자는 물론 만점을 받은 피험자의 능력도 모두 추정할 수 있다. BILOG 컴퓨터 프로그램은 능력추정을 위하여 결합최대우도 추정법은 물론 주변최대우도 추정법, 베이지안 통계 방법까지 사용하고 있다.

피험자 능력불변성(Item invariance of an Examinee's Ability Estimate)

문항반응이론의 또 다른 원리와 장점은 피험자의 능력은 능력을 추정하기 위하여 쓰여진 검사와 관계없이 불변한다는 것이다. 피험자 능력불변성의 원리는 두 가지 조건에 의존한다. 즉, 검사에 있는 모든 문항이 동일한 특성을 측정해야 하는 일차원성 가정(unidimensionality assumption)을 충족시키고 모든 문항모수치가 같은 척도단위에 있어야 한다. 이 원리를 설명하기 위하여 피험자의 능력수준이 0이라 가정하면 그는 능력척도의 중간 부분에 놓이게 된다. 만약 평균난이도가 -2.0인 10문항으로 구성된 검사를 가지고 그 피험자의 능력을 추정하였을 때 그 피험자의 능력을 θ_1이라 하자. 그리고 평균난이도가 1.0인 어려운 문항 10개로 구성된 다른 검사를 가지고 똑같은 피험자의 능력을 추정하였을 때 그 피험자의 능력을 θ_2라 하자. 이런 경우에 피험자 능력불변성 원리에 의해 검사가 다름에도 불구하고 그 두 능력추정치는 같다. 즉, $\theta_1 = \theta_2$이다. 두 검사에서 문항난이도가 다르듯이 문항변별도가 같을 필요는 없다. 이 능력불변성의 원리는 문항특성곡선은 모든 능력범위를 포함한다는 사실을 반영한다. 문항의 모수치를 추정하기 위하여 어떤 일부분의 능력범위에 있는 피험자에게 검사를 실시하여도 문제가 없듯이 피험자의 능력을 추정하기 위하여 여러 개의 문항특성곡선 중의 일부를 사용하여도 문제가 되지 않는다. 결과적으로 다른 두 종류의 검사를 가지고도 피험자의 능력이 동일하게 추정된다는 것이다.

피험자 능력불변성 원리의 실질적 암시는 검사가 능력척도 어디에 위치하여도 피험자 능력을 추정하는 데 사용될 수 있다는 것이다. 예를 들어, 피험자가 쉬운 검사를 택하든 어려운 검사를 택하든 그의 능력은 평균적으로 똑같이 추정된다는 것이다. 이 같은 사실은 쉬운 검사에서는 높은 점수를 얻고, 어려운 검사에서는 낮은 점수를 얻게 되어 피험자 능력을 추정하는 고전검사이론과 매우 대조적이다. 고전검사이론에서는 이 같은 문제 때문에 피험자의 잠재된 능력을 측정하는 확실한 방법이 없다고 할 수 있다. 문항반응이론에서는 피험자의 능력은 피험자가 가지고 있는 고유한 속성으로, 능력을 추정하기 위한 검사에 의해 영향을 받지 않는다.

능력불변성의 개념을 해석할 때 불변의 의미에 주의해야 한다. 인간은 행동변화의 주체이기 때문에 인간이 가지고 있는 능력은 시간이 경과함에 따라 자연적으로든 인위적이든 변화하게 된다. 문항반응이론에서 주장하고 있는 능력불변성의 원리는 피험자의 능력이 어느 때든 변화되지 않고 고정되어 있다는 의미가 아니라 어떤 한순간의 능력을 추정할 때 검사의 특성에 따라 능력이 다르게 추정되지 않는다는 것을 뜻한다.

피험자 능력불변성과 문항특성의 불변성 원리를 통칭하여 문항반응이론의 불변성 원리라고 한다. 이 기본 원리가 문항반응이론의 적용에 기초가 된다.

┤ 연습 문제 ├

⟨1 – 모수 문항반응모형⟩

1. 문항난이도가 다음과 같은 다섯 문항으로 구성되어 있는 검사가 있다.

$$b = 0, .5, .3, 1.0, .5$$

  a. 시훈이는 1번, 2번, 3번 문항의 답을 맞혔다. 시훈이의 능력을 추정하고 능력추정의 표준오차를 계산하라(능력추정의 초기값 = 1.0).

  b. 예진이는 1번 문항만 부주의로 틀리고 다른 문항은 모두 맞혔다. 능력을 추정하고 표준오차를 구하라(능력추정의 초기값 = .0).

⟨2 – 모수 문항반응모형⟩

2. 다음의 문항모수치를 갖는 세 개의 문항으로 구성된 검사가 있다.

문항	b	a
1	1.0	.5
2	.0	1.0
3	.5	.5

  a. 유진이가 1번 문항과 2번 문항은 맞히고 3번 문항은 틀렸다. 유진이의 능력을 추정하고 능력추정의 표준오차를 계산하라(능력추정의 초기값 = 1.0).

  b. 지혜는 1번 문항은 틀리고 2번 문항과 3번 문항을 맞혔다. 지혜의 능력을 추정하고 표준오차를 계산하라(능력추정의 초기값 = .5).

c. 시영이는 1번 문항과 3번 문항은 틀리고 2번 문항만 맞혔다. 시영이의 능력을 추정하고 표준오차를 계산하라(능력추정의 초기값 = .0).

┤ 기억하여야 할 점 ├

1. 피험자 능력 추정

  a. 능력추정치들의 평균값은 능력의 모수치와 매우 유사하다.

  b. 문항난이도가 피험자의 능력모수치와 같거나 유사하면 능력 추정치의 평균값은 능력의 모수치에 근접한다.

  c. 문항의 난이도가 피험자의 능력과 동떨어져 있을 때 피험자 능력추정의 표준오차는 매우 크다. 논리적으로 설명을 하더라도 피험자의 능력수준에 비해 너무 어렵거나 쉬운 문항을 제시하면 불안 혹은 부주의를 유발하여 피험자가 능력을 제대로 발휘하지 못한다. 그러므로 이런 상황에서는 피험자 능력추정의 표준오차가 크게 된다.

  d. 문항변별력이 클 때 능력추정의 표준오차는 작다. 반대로 문항변별력이 작으면 능력추정의 표준오차는 커진다.

  e. 피험자들의 다양한 능력을 추정하기 위해서는 많은 반복추정이 필요할지 모른다. 문항의 난이도들이 피험자의 능력수준과 유사할수록 능력추정을 위한 반복추정은 줄어든다.

  f. 피험자의 능력을 보다 정확하게 추정하기 위한 검사는 모든 문항의 난이도가 피험자의 능력수준과 일치하고 문항의 변별도가 큰 문항들을 포함한다.

2. 피험자 능력불변성

  a. 다른 문항들로 구성된 검사를 가지고 피험자의 능력을 추정하여도 피험자의 능력추정치는 피험자의 능력모수치와 동일하다.

b. 한 피험자에게 문항 수가 많은 검사를 반복실시하였을 때 추정된 피험자 능력추정치의 평균은 그 피험자 능력모수치와 근사한 값을 갖는다. 여러 번 시행해서 얻은 피험자의 능력추정치들은 피험자 능력모수치를 중심으로 밀집되어 있다. 이 같은 경우를 볼 때 문항반응이론에서 능력추정의 불변성 원리는 명확하다. 능력추정치는 고전검사이론과 다른 형태의 검사점수이며, 이것은 문항반응이론의 관점에서 해석하여야 함을 명심하여야 한다.

3. 결론

제1장에서 인간의 잠재된 특성을 설명하였다. 문항반응이론의 없어서는 안 될 부분으로 잠재적 특성을 나타내는 척도상에서 피험자의 능력을 찾는 것이다. 이론적으로 각기 피험자는 그의 고유한 능력점수를 가지고 있다. 그러나 실제 세계에서 피험자가 가지고 있는 진짜 능력, 즉 능력의 모수치를 알아내는 것은 불가능하다. 그러므로 인간 능력의 모수치를 알아내는 최선의 방법은 능력을 추정하는 것이다. 문항에 응답한 피험자의 반응형태, 즉 문항반응벡터를 가지고 피험자의 능력을 추정하는 것이다.

6. 정보함수

정보를 가지고 있다고 말할 때 그것은 어떤 특별한 대상이나 주제에 관해서 무엇인가를 알고 있다는 것을 의미한다. 통계학과 심리측정학에서 정보라는 용어는 유사하지만 좀 더 기술적인 의미를 전달한다. 정보의 통계학적 의미는 R. A. Fisher에 의해 설명되었으며, 정보는 모수치를 추정할 때 정확성의 역(the reciprocal of the precision)이라 정의되었다. 그래서 정확하게 모수치를 추정하였다면 덜 정확하게 모수치를 추정하였던 것보다 모수치에 대한 정보를 더 많이 갖게 된다. 통계학적으로 모수치를 추정할 때의 정확성은 모수치에 대한 추정치들의 표준편차와 관련된 분산에 의해서 측정된다. 그러므로 정확성의 측정은 추정치들의 분산, 즉 σ^2으로 표기되며, 추정치의 분산이 크면 추정의 정확성은 낮으므로 그에 따른 정보는 작다. 반대로 추정치의 분산, 즉 σ^2이 작으면 측정에 정확성을 기했다고 볼 수 있으며, 추정의 정확성에 의하여 정보는 크다고 할 수 있다. 정보의 양은 공식 (6−1)에서 I로 표기된다.

$$I = \frac{1}{\sigma^2} \qquad\qquad (6-1)$$

문항반응이론에서 우리의 관심은 피험자에 대한 능력모수치의 값을 추정하는 데 있다. 능력모수치는 θ로 표기하고 $\hat{\theta}$는 θ의 추정치이다. 앞 장에서 피험자의 능력모수치에 대한 능력추정치들의 표준오차, 즉 표준 편차를 계산하였다. 표준편차를 제곱하면 분산이 되며, 또한 주어진 능력 을 추정할 때 능력추정의 정확성을 말해 준다. 공식 (6−1)로부터 주어진 능력수준에서 정보의 양은 이 분산의 역이 된다. 만약 정보의 양이 크면 그것은 그 능력수준에서 피험자가 갖는 진짜 능력을 정확하게 추정할 수 있다는 것을 의미한다. 다시 말해서 능력을 추정할 때 능력추정치들 사 이의 분산이 작다는 것이다. 즉, 모든 추정치는 진짜 값(true value)에 거 의 근접할 것이다. 반대로 정보의 양이 적으면 그것은 그 능력을 정확하 게 추정하지 못하였으며 능력추정치들은 능력모수치 주변에 넓게 흩 어져 있게 될 것이다. 적절한 공식을 사용하면 정보의 양은 능력척도상 에서 각 능력수준에 따라 0에서부터 양의 무한대까지의 값을 갖는다. 능 력이 연속변수이기 때문에 정보 또한 연속변수일 것이다. 정보의 양을 능력에 따라 그리면 그 결과는 [그림 6−1]과 같은 정보함수 그래프가 된다.

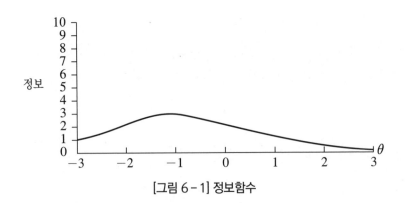

[그림 6−1] 정보함수

[그림 6-1]을 자세히 보면 정보의 양은 능력수준 -1.0에서 최대이며 능력범위 $-2 < \theta < 0$에서 약 3이 되는 것을 알 수 있다. 이 범위 내에서는 능력이 어느 정도의 정확성을 가지고 추정되었음을 알 수 있다. 이 능력범위 밖에서 정보의 양은 급속하게 감소하며 그에 상응하는 능력수준은 정확하게 추정되지 않았다. 그래서 정보함수는 각 능력수준이 얼마나 정확하게 추정되고 있는가를 제시한다. 주의할 점은 정보함수가 능력수준 전체에 걸친 피험자들의 분포에 의한 것이 아님을 인식하여야 한다. 이런 점에서 정보함수는 문항특성곡선 그리고 검사특성곡선과 같다. 일반적인 목적을 가진 검사에서 이상적인 정보함수 I는 큰 값을 가지고 수평선을 이룸으로써 모든 능력수준의 피험자들의 능력을 똑같이 정확하게 추정한 것이다. 불행하게도 그러한 정보함수를 얻기가 쉽지 않다. 전형적인 정보함수는 [그림 6-1]에서 제시된 것과 유사하고 다른 능력수준들은 서로 다른 정도의 정확성을 가지고 추정된다. 즉, 피험자의 능력을 추정할 때 능력추정의 정확성은 피험자의 능력이 능력척도상에서 위치하는 곳에 의존하기 때문에 검사제작자와 검사사용자 모두에게 정보함수는 대단히 중요하다.

문항정보함수(Item Information Function)

문항반응이론은 검사를 구성하는 각각의 문항들에 의존하기 때문에 문항화 이론(Itemized theory)으로서 알려졌다. 그러므로 하나의 문항에 근거를 둔 정보의 양은 어떤 능력수준에서도 계산될 수 있으며, 문항을 i로 표시할 때 특정한 능력수준에서 그 문항에 대한 정보함수는 $I_i(\theta)$로 표기된다. 하나의 문항만을 고려하면 능력척도상의 어느 지점에서도 정보의 양은 매우 작을 것이다. 정보의 양을 능력에 따라 그린다면 그 결과는 [그림 6-2]와 같은 문항정보함수의 그래프가 된다.

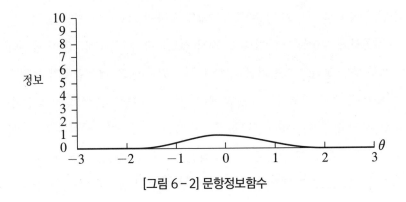

[그림 6-2] 문항정보함수

문항은 문항난이도 모수치에 상응하는 능력수준에서 가장 정확하게 능력을 측정하므로 정보는 높다. 문항정보의 양은 능력수준이 문항난이도로부터 떨어질 때 감소하며, 능력척도의 양극단 부근에서는 0에 접근한다.

검사정보함수(Test Information Function)

검사는 피험자의 능력을 추정하기 위해서 사용되기 때문에 어떤 능력수준에서든지 검사에 의해 나타나는 정보의 양을 얻을 수 있다. 하나의 검사는 문항들의 집합체이기 때문에 주어진 능력수준에서의 검사정보는 그 능력수준에서의 문항정보들의 총합일 뿐이다. 그러므로 검사정보함수는 공식 (6-2)와 같이 정의된다.

$$I(\theta) = \sum_{i=1}^{N} I_i(\theta) \tag{6-2}$$

$I(\theta)$: 능력수준 θ에서 검사정보의 양

$I_i(\theta)$: 능력수준 θ에서 문항 i에 대한 정보의 양

N: 검사에서 문항들의 수

　검사정보함수의 일반적 수준은 하나의 문항정보함수보다 높을 것이다. 그러므로 검사에서 피험자의 능력을 하나의 문항으로 측정하는 것보다 많은 문항으로 측정하는 것이 더욱 정확하다. 공식 (6-2)에서 주어진 검사정보함수의 정의에서 중요한 특징은 검사에서 문항이 많으면 많을수록 정보의 양은 더욱 커진다는 것이다. 그래서 일반적으로 보다 긴 검사일수록 짧은 검사보다 더욱 정확하게 능력을 측정할 수 있다. 10개 문항으로 구성되어 있는 검사에 대하여 각 능력수준에 따라 계산된 검사 정보 양을 연결하여 그린 검사정보함수의 그래프는 [그림 6-3]과 같다.

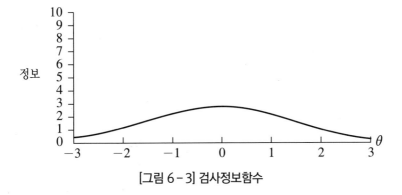

[그림 6-3] 검사정보함수

　[그림 6-3]에서 검사정보함수의 최대값은 적절하다고 할 수 있으며 정보의 양은 능력수준이 최대값인 능력수준 0과 멀어질 때 완만하게 감소한다. 그러므로 능력은 능력척도의 거의 중심에서 어느 정도의 정확성을 갖고서 추정된다. 또한 능력수준이 척도의 양 끝부분에 접근할 때 검사정보의 양은 뚜렷하게 감소한다.

　검사정보함수는 문항반응이론의 매우 유용한 특징이다. 즉, 검사정보함수는 검사가 능력점수의 전체 범위에서 얼마나 정확하게 능력을 추정하는가를 말해 준다. 이상적인 검사정보함수가 종종 수평선을 이룰 수 있을지는 몰라도 그 이상적인 함수는 어떤 목적을 위해서는 최상이 아닐 수 있다. 예를 들어, 장학금을 수여하기 위하여 검사를 제작한다면 이 이상적인 검사정보함수는 적절하지 못하다. 이 같은 경우에는 장학금을 받을 사람과 받지 못할 사람을 구별하고자 하는 어떤 능력수준에서 피험자의 능력을 정확하게 측정하여야 한다. 이런 목적을 위한 최상의 검사정보함수는 선별기준이 되는 준거점수(cut-off score)에서 절정을 이루어야 한다. 다른 특수한 목적을 가진 검사들은 다른 형태의 검사정보함수를 요구한다.

　문항정보는 검사의 각 문항으로부터 얻을 수 있지만 이것을 사용하는 일은 드물다. 각 문항에 의해 산출되는 정보의 양은 매우 작으며 전형적으로 하나의 문항으로 피험자의 능력을 추정하려고 하지 않기 때문이다. 결과적으로 능력수준에서 검사정보의 양과 검사정보함수가 주된 관심인 것이다. 검사정보함수는 주어진 능력수준에서 문항정보들을 합산해서 얻어지기 때문에 정보의 양은 문항수준에서 정의된다. 문항정보의 수리적인 정의는 사용된 독특한 문항특성곡선모형에 의존한다. 그러므로 각 문항반응모형하에서 정보함수의 정의들을 검토하는 일이 필요하다.

문항정보의 정의

2 - 모수 문항반응모형(Two - Parameter Item Response Model)

2－모수 문항반응모형에서 문항정보함수는 공식 (6－3)과 같이 정의
된다.

$$I_i(\theta) = a_i^2 P_i(\theta) Q_i(\theta) \qquad (6-3)$$

a_i: 문항 i에 대한 문항변별도 모수치

$$P_i(\theta) = 1/(1 + e^{-a_i(\theta - b_i)})$$

$$Q_i(\theta) = 1 - P_i(\theta)$$

θ: 관심의 대상이 되는 능력수준

공식 (6－3)의 사용을 설명하기 위해서 문항모수치가 b＝1.0이고 a＝1.5인
문항의 7개의 능력수준에 따른 문항정보의 양은 <표 6－1>과 같다.

〈표 6－1〉 문항모수 b＝1.0, a＝1.5인 문항의 2－모수 문항반응모형에 의한
문항정보의 계산

θ	L	e^{-L}	$P_i(\theta)$	$Q_i(\theta)$	$P_i(\theta)Q_i(\theta)$	a^2	$I_i(\theta)$
-3	-6.0	403.43	.00	1.00	.00	2.25	.00
-2	-4.5	90.02	.01	.99	.01	2.25	.02
-1	-3.0	20.09	.05	.95	.05	2.25	.11
0	-1.5	4.48	.18	.82	.15	2.25	.34
1	0.0	1.00	.50	.50	.25	2.25	.56
2	1.5	.22	.82	.18	.15	2.25	.34
3	3.0	.05	.95	.05	.05	2.25	.11

문항정보함수는 능력이 증가함에 따라 다소 부드럽게 증가하고 능력
수준 1.0에서 .56의 최대값에 도달한다. 이 점 이후부터는 감소한다. 얻
어진 문항정보함수는 문항난이도에 대응하는 능력수준값을 중심으로 하
여 좌우대칭이다. 이 같은 대칭 형태는 1−모수 문항반응모형과 2−모수
문항반응모형하의 모든 문항정보에 적용된다. 문항의 변별도가 높으면
문항난이도에 대응하는 능력수준에서 정보함수는 크지만 변별도가 낮으
면 그 능력수준에서 정보함수가 작음을 알 수 있다.

1−모수 문항반응모형(One−Parameter Item Response Model; Rasch model)

1−모수 문항반응모형하에서 문항정보는 공식 (6−4)와 같이 정의된다.

$$I_i(\theta) = P_i(\theta)Q_i(\theta) \qquad\qquad (6-4)$$

공식 (6−4)는 2−모수모형하에서 변별모수치의 값이 1일 때와 같다.
공식 (6−4)의 사용을 설명하기 위해 난이도 모수치가 1.0을 가진 문항
의 능력수준에 따른 문항정보의 양을 계산하면 <표 6−2>와 같다.
이 문항에 의해 산출되는 정보량의 일반적 수준은 앞의 예보다 다소
낮다. 이것은 문항변별도 모수치가 2−모수모형에서 사용한 문항변별도
모수치보다 작기 때문이다. 또한 문항정보함수는 난이도 모수치 값을 중
심으로 대칭적이다.

〈표 6 - 2〉 문항모수 b＝1.0인 문항의 Rasch모형에 의한 문항정보의 계산

θ	L	e^{-L}	$P_i(\theta)$	$Q_i(\theta)$	$P_i(\theta)Q_i(\theta)$	a^2	$I_i(\theta)$
-3	-4.0	54.60	.02	.98	.02	1	.02
-2	-3.0	20.09	.05	.95	.05	1	.05
-1	-2.0	7.39	.12	.88	.11	1	.11
0	-1.0	2.72	.27	.73	.20	1	.20
1	.0	1.00	.50	.50	.25	1	.25
2	1.0	.37	.73	.27	.20	1	.20
3	2.0	.14	.88	.12	.11	1	.11

3 - 모수 문항반응모형(Three - Parameter Item Response Model)

제2장에서 3-모수모형은 로지스틱함수의 훌륭한 수리적 속성들을 갖지 못한다고 언급하였다. 이 속성들의 손실은 3-모수모형하에서 문항정보의 양을 계산하는 복잡한 공식 (6-5)에서 분명하게 알 수 있다.

$$I_i(\theta) = a^2 \left[\frac{Q_i(\theta)}{P_i(\theta)} \right] \left[\frac{(P_i(\theta) - c)^2}{(1-c)^2} \right] \qquad (6-5)$$

$$P_i(\theta) = c + (1-c)\frac{1}{1+e^{-L}}$$

$$L = a_i(\theta - b_i)$$

$$Q_i = 1.0 - P_i(\theta)$$

공식 (6-5)의 사용을 설명하기 위하여 b＝1.0, a＝1.5, c＝.2의 문항 모수치들을 갖는 문항에 대한 정보함수 계산을 제시한다. b와 a의 값은 앞의 2-모수모형에서 제시한 문항의 모수치와 동일하다. 능력수준이

0인 점에서 정보함수 계산의 자세한 절차는 다음과 같다.

$$L = 1.5(0 - 1) = 1.5$$

$$e^{-L} = 4.482$$

$$1 / (1 + e^{-L}) = .182$$

$$P_i(\theta) = c + (1 - c)(1/(1 + e^{-L})) = .2 + .8(.182) = .346$$

$$Q_i(\theta) = 1 - .346 = .654$$

$$Q_i(\theta)/P_i(\theta) = .654 / .346 = 1.890$$

$$(P_i(\theta) - c)^2 = (.346 - .2)^2 = (.146)^2 = .021$$

$$(1 - c)^2 = (1 - .2)^2 = (.8)^2 = .64$$

$$a^2 = (1.5)^2 = 2.25$$

그러고 나면 다음과 같다.

$$I_i(\theta) = (2.25)(1.890)(.021)/(.64) = .142$$

분명히 이것은 앞선 두 모형, 즉 로지스틱모형들에 대한 정보함수 계산들보다 더욱 복잡하다. 7개의 능력수준에서 문항정보의 계산은 <표 6-3>과 같다.

〈표 6-3〉 문항모수 b=1.0 a=1.5 c=.2인 문항의 3-모수 문항반응모형에 의한
　　　　　문항정보의 계산

θ	L	$P_i(\theta)$	$Q_i(\theta)$	$P_i(\theta)Q_i(\theta)$	$(P_i(\theta)-C)^2$	$I_i(\theta)$
-3	-6.0	.20	.80	3.950	.000	.000
-2	-4.5	.21	.79	3.785	.000	.001
-1	-3.0	.24	.76	3.202	.001	.016
0	-1.5	.35	.65	1.890	.021	.142
1	.0	.60	.40	.667	.160	.375
2	1.5	.85	.15	.176	.423	.261
3	3.0	.96	.04	.041	.577	.083

　　정보함수의 형태는 b=1.0과 a=1.5인 앞의 2-모수모형에 의한 정보
함수와 매우 유사하다. 그러나 θ=0의 능력수준에서 문항정보는 3-모
수모형에서는 .142이고 2-모수모형에서는 .34였다. 더욱이 3-모수모
형에서는 정보함수의 최대값은 난이도 모수치의 값에 상응하는 능력
수준에서 발생하지 않았다. 최대값은 b값보다 다소 높은 능력수준에서
발생하였다. 공식 (6-5)에서 (1-c)와 ($P_i(\theta)$-c)가 존재하기 때문에
3-모수모형에서의 정보량은 같은 b와 a값을 갖는 2-모수모형에서 보
다 다소 적을 것이다. 2-모수와 3-모수 모형하에서 같은 a와 b를 공유
할 때 c=0이면 정보함수들은 동일할 것이다. c>0이면 3-모수모형은
항상 보다 적은 정보를 산출할 것이다. 그러므로 2-모수모형하에서 문
항정보함수는 3-모수모형하에서의 정보함수의 상한계를 갖는다. 추측
에 의해 문항을 맞힌 것은 능력수준을 추정할 때 능력추정의 정확성을 증
가시키지 못한다는 사실을 말하여 준다.

검사정보함수 계산

공식 (6−3)은 검사정보를 주어진 능력수준에서 문항정보 양의 총합
으로서 정의하였다. 문항정보의 양을 계산하는 절차들을 세 문항반응모
형에 대하여 상세하게 설명하였기 때문에 검사를 위한 검사정보함수를
쉽게 계산할 수 있다. 이 과정을 설명하기 위하여 다섯 문항을 가진 검사
를 사용하기로 한다. 2−모수모형에 의한 문항모수치들은 다음과 같다.

문항	b	a
1	−1.0	2.0
2	−.05	1.5
3	.0	1.5
4	.5	1.5
5	1.0	2.0

다섯 문항에 대한 문항정보와 검사정보의 양을 앞의 예에서 사용한
7가지 능력수준에 의하여 계산하면 <표 6−4>와 같다.

〈표 6−4〉 다섯 문항들을 기초로 한 검사정보함수의 계산

θ	문항정보					검사정보
	1	2	3	4	5	
−3	.071	.051	.024	.012	.001	.159
−2	.420	.194	.102	.051	.010	.777
−1	1.000	.490	.336	.194	.071	2.091
0	.420	.490	.563	.490	.420	2.383
1	.071	.194	.336	.490	1.000	2.091
2	.010	.051	.102	.194	.420	.777
3	.001	.012	.024	.051	.071	.159

각각의 문항정보함수들은 문항난이도 모수치에 대해 대칭적이었다. 5개 문항의 난이도들은 능력수준 0에 대해 대칭적인 분포를 갖는다. 이 때문에 검사정보함수 또한 능력수준 0에 대해 대칭적이다. 검사정보함 수의 그래프는 [그림 6-4]와 같다.

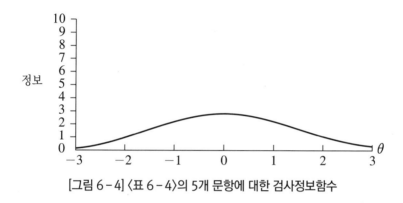

[그림 6-4] 〈표 6-4〉의 5개 문항에 대한 검사정보함수

검사정보함수의 그래프는 정보의 양이 $\theta = -1$에서 $\theta = +1$의 범위에 서 다소 평평하고 이 범위 밖에서 정보의 양은 다소 급속하게 감소한다는 것을 나타낸다. 그러나 〈표 6-4〉에서 검사정보의 값들은 전체 능력척 도에 걸쳐 다양하다.

검사정보함수의 해석

기대하는 검사정보함수의 모양은 검사의 목적에 의존하지만 검사정보 함수에 대해서는 일반적으로 해석할 수 있다. 능력척도의 어느 점에서 절정을 이루는 검사정보함수는 능력척도에 따라 동일하게 능력을 측정 하지 못한다. 그러한 검사는 최고의 검사정보함수 근처에 떨어지는 능력을 가진 피험자들의 능력을 추정하기에는 최상이 될 것이다. 어떤 검사에서 검사정보함수는 능력척도의 특정범위에서 다소 평평하다. 이 같은 검사는 특정범위에 있는 피험자들의 능력을 거의 유사한 정확성을 가지고 추정한다. 그러므로 그 검사는 특정한 능력범위에 있는 피험자들의 능력을 정확하게 추정하는 바람직한 검사가 될 것이다. 검사정보함수를 해석할 때 정보의 양과 능력추정치들의 분산은 역수적 관계임을 명심해야 한다. 정보의 양을 능력추정치의 표준오차로 변형하기 위해서는 검사정보 양의 제곱근의 역수를 취한다. 즉, 피험자 능력의 표준오차는 정보함수 제곱근의 역함수이며, 공식 (6-6)과 같다.

$$SE(\theta) = \frac{1}{\sqrt{I(\theta)}} \qquad\qquad (6-6)$$

예를 들어, [그림 6-4]에서 검사정보의 최대량은 능력수준 0에서 2.383이었다. 그 능력수준에서 능력추정의 표준오차는 .65이다. 그러므로 이 능력수준은 적절한 정확성을 가지고 추정되었다고 분석할 수 있다.

연습 문제

〈1 - 모수 로지스틱 문항반응모형〉

1. 문항난이도가 −1.0, 0, 1.0인 세 문항으로 구성되어 있는 검사가
   있다. 능력수준($-3 < \theta < +3$)에 따라
   a. 각 문항의 문항정보함수를 계산하라. 각각의 문항정보함수의
      그래프를 같은 도표에 그리고 그 특징을 설명하라.
   b. 세 문항에 대한 검사정보함수를 계산하고 그래프를 그린 후 특
      징을 논하라.

2. 문항난이도가 1.0, .8, 1.0인 세 문항으로 구성된 검사의 검사정보
   함수를 계산하고 그래프를 그린 후 특징을 설명하라.

3. 문항난이도가 다양한 문항들로 구성된 검사의 검사정보함수와
   문항난이도가 유사한 문항들로 구성된 검사의 검사정보함수는
   어떤 차이가 있는가.

〈2 – 모수 로지스틱 문항반응모형〉

4. 다음과 같은 문항모수치를 가진 다섯 문항으로 구성된 검사가 있다.

문항	b	a
1	−.3	1.5
2	−.2	1.2
3	0	1.3
4	.1	1.0
5	.1	1.6

a. 각 문항의 문항정보함수를 계산하라.

b. 4번 문항과 5번 문항은 문항난이도가 같지만 문항변별도는 다르다. 이것이 문항정보함수에서는 어떻게 나타나는가?

c. 검사정보함수를 계산하고 그래프를 그리라. 어느 능력수준에서 가장 높은 검사정보를 보여 주는가?

d. 앞의 다섯 문항과 난이도가 같고 문항변별도는 일반적으로 낮은 다섯 문항으로 구성되어 있는 검사의 검사정보함수는 c번에서 계산한 검사정보함수와 어떻게 다른가?

e. 앞의 다섯 문항의 문항변별도와 같고 문항난이도가 −1.5, −.3, 0, .8, 2.0인 다섯 문항으로 구성된 검사의 검사정보함수는 어떤 형태를 갖는지를 c번에서 계산한 검사정보함수와 비교하여 논하라.

⟨3 - 모수 로지스틱 문항반응모형⟩

5. 다음과 같은 문항모수치를 갖는 세 문항으로 구성되어 있는 검사가 있다.

문항	b	a	c
1	−.2	1.3	.10
2	.0	1.5	.20
3	.1	1.5	.20

a. 각 문항의 문항정보함수를 계산하라.

b. 검사정보함수에 의한 그래프를 그리고 특징을 설명하라.

c. 2 - 모수모형에 의한 검사정보함수의 그래프를 3 - 모수모형에 의한 검사정보함수의 그래프와 비교 · 분석하라. 어느 모형에서 더 많은 정보를 얻을 수 있는가?

d. 1 - 모수모형에 의해 그려진 검사정보함수 그래프는 2 - 모수모형에 의해 그려진 정보함수 그래프와 무엇이 다른가? 또한 어느 모형이 많은 정보를 제공하는가? 그 이유를 논하라.

┤기억하여야 할 점├

1. 검사정보함수의 일반적 수준은

   a. 검사의 문항수;

   b. 검사문항들의 변별도 모수치들의 평균값;

   c. 3가지 문항반응모형들에 의하여 변화한다.

2. 검사정보함수의 모양은

   a. 능력척도상의 문항난이도의 분포;

   b. 검사문항들의 변별모수치에 대한 분포와 평균값에 의하여 변화
   한다.

3. 문항난이도가 주어진 값 주위에 가깝게 밀집되면 검사정보함수
   는 능력척도상의 그 지점에서 절정을 이룬다. 정보의 최대량은 변
   별도의 값에 의존한다.

4. 문항난이도가 능력척도 위에 넓게 분포될 때 검사정보함수는 난
   이도들이 밀접하게 모여 있을 때 보다는 더욱 평평하게 되는 경향
   이 있다.

5. $a < 1.0$인 문항들로 구성된 검사는 일반적으로 낮은 수준의 검사
   정보 함수를 갖는다.

6. $a > 1.7$인 문항들로 구성된 검사는 일반적으로 높은 수준의 검사
   정보함수를 갖는다.

7. 3－모수모형에서 추측모수치 c의 값이 0보다 클수록 낮은 능력
수준에서 검사정보의 양은 더욱 낮아진다. 더욱이 큰 c값은 검사
정보의 양을 감소시킨다.

8. 검사정보 점수 곡선이 수평이 되게 하기는 어렵다. 그렇게 하기
위해서는 문항난이도가 능력범위에서 다양하여야 하고 문항변별
도의 낮은 수준에서 적절한 수준에 있어야 하며, 문항변별도의 분
포는 U자형의 분포를 가져야 한다.

7. 검사제작

   얼마 전까지 많은 검사들은 고전검사이론의 원리에 의하여 분석되었다. 그러나 문항반응이론의 장점이 부각되면서 시행된 많은 검사들은 문항반응이론에 의해 분석되고 있다. 검사제작과 분석 절차와의 불일치는 알려지지 않았던 문항반응이론의 많은 장점을 발견하는 결과를 가져왔다. 문항반응이론이 고전검사이론보다 많은 이론적 장점을 가지고 있기 때문에 검사들은 문항반응이론의 틀 안에서, 작성, 분석, 그리고 해석되어야 한다. 그러므로 이 장에서는 문항반응이론에 의하여 검사를 제작하는 기술적인 점들을 설명한다.

   검사제작자들은 넓고 다양한 상황에서 검사를 제작한다. 상업적인 검사 제작회사, 정부기관 혹은 학교 교육구(school district) 등의 요구에 의해 검사를 개발한다. 또한 대부분의 학교 교사들은 학급 단위의 학업성취를 측정하기 위하여 검사를 제작하는 경우도 빈번하다. 이러한 모든 상황에서 검사 제작 과정은 어떤 특별한 검사 목적을 위한 문항들을 문항들의 집합체에서 선택할 수 있는 것이다. 여기서 문항들의 집합체를 문제은행(item pool, item bank)이라 한다. 문제은행으로부터 문항들을 선택할 때는 문항의 내용과 문항의 특성, 즉 문항모수치에 의한다. 문제은행을 설립하고 유지하는 일련의 절차를 문제은행화(item banking)라 한다.

문제은행화의 기본적인 목표는 이미 알려진 문항모수치에 의하여 많은 문항들을 수집하여 문제은행을 만드는 것이다. 문제은행이 만들어졌다면 검사를 제작하기 위하여 검사의 목적에 부합하는 문항특성을 가진 문항을 선택한다. 만약 검사의 특성이 검사가 의도하는 목적과 부합하지 않는다면 선택된 문항들은 바람직한 검사특성이 얻어질 때까지 문제은행으로부터 다른 문항으로 대치될 수 있다. 이와 같이 문제은행으로부터 검사의 목적에 부합하는 좋은 문항을 선택하여 검사를 제작할 수 있으므로 검사제작에 따른 많은 시간과 경비를 절감할 수 있다.

문제은행을 설정하기 위해서는, 첫째, 문항이 측정하는 잠재적 특성을 정의하여야 하고 그에 따라 문항을 제작하며 좋지 않은 문항을 수정 혹은 제거하기 위하여 예비검사(pilot-test)를 실시하여야 한다. 예를 들면, 흥미있는 잠재적 특성을 측정하기 위하여 일련의 문항들을 개발한 후 많은 피험자들에게 검사를 실시한다. 그 후 문항반응모형을 선택하여 문항반응벡터(item response vector)를 분석하여 문항추정치를 얻은 다음 검사를 조정(calibration)한다. 검사조정(test calibration)이란 문항모수 추정치들이 문제은행의 기준척도단위(the baseline metric)에 의하여 조절되는 것을 말한다. 이와 같은 절차를 거쳤을 때 문제은행을 가지고 있다고 할 수 있다. 보다 전문적 용어로는 '사전조정된 문제은행(precalibrated item pool)을 가지고 있다'라고 한다.

문제은행으로부터의 검사 개발

문제은행에 있는 문항들은 특별한 잠재적 특성을 측정하기 때문에 문제은행으로부터 제작된 검사들도 같은 잠재적 특성을 측정한다. 같은 잠재적 특성을 측정하는 검사라 할지라도 각기 다른 목적을 가지고 있음을 알아야 한다. 동형검사는 검사시행에 있어 곁눈질을 방지하기 위하여 제작할 수 있으며, 어떤 검사는 장학금을 수여하기 위하여 제작한다. 이러한 경우에 특별한 검사목적에 맞는 내용과 문항특성을 기초로 하여 문제은행으로부터 문항을 추출한다. 문제은행이 가지고 있는 장점은 검사를 시행하지 않아도 이미 문항의 특성, 즉 문항모수치를 알고 있다는 것이다. 그러므로 검사를 시행하기 전에 문항모수치를 이용하여 검사특성곡선이나 검사정보함수를 쉽게 결정할 수 있다는 것이다. 이 두 곡선이 결정되면 검사제작자들은 검사를 시행하기 전에 검사가 피험자들에게 어떻게 기능할 것인가를 잘 알 수 있다. 더불어 검사시행과 검사조정이 되었을 때 검사동등화(test equating)는 문제은행의 측정단위에 의해 새로운 피험자 집단의 능력을 추정하는 데 사용될 수 있다.

검사의 목적

다양한 검사목적이 있을 수 있으나 몇 가지 전형적인 검사목적을 소개하기로 한다. 검사는 이와 같은 검사목적에 의하여 제작하여야 한다.

준거참조검사: 선발고사(Screening Test)

선발을 목적으로 하는 검사는 주어진 능력수준보다 낮은 능력을 가진 피험자와 그 준거보다 높은 능력을 가진 피험자를 뚜렷이 구분하고자 한다. 이러한 검사는 장학금을 수여하든가 혹은 교수 프로그램에서 학생들을 교정(remediation)하든지 아니면 상급배치(advanced placement)같이 학생들을 분류하는 데 사용된다.

규준참조검사(Wide-Ranged Test)

규준참조검사는 관심이 되는 중요한 능력척도의 넓은 범위에서 피험자의 능력을 추정하고자 한다. 이 검사의 주된 목적은 피험자의 능력에 대하여 설명하고 피험자들을 상호비교하는 것이다. 영어와 한국사를 제외한 다른 영역의 대학수학능력시험은 규준참조검사의 일종이다.

돌출부형 검사(Peaked Test)

돌출부형 검사는 대부분의 피험자들이 위치하는 능력척도의 특정한 범위 내에서 능력을 보다 정확하게 측정하기 위하여 고안되었다. 특정한 능력범위 밖의 피험자들의 능력은 덜 정확하게 추정된다. 돌출부형 검사는 규준참조검사의 능력범위처럼 넓은 것은 아니지만 준거참조검사의 능력범위보다는 넓은 능력범위에서 피험자 능력을 보다 정확하게 측정한다.

┨ 기억하여야 할 점 ┠

1. 준거참조검사: 선발고사
   a. 바람직한 검사특성곡선은 구체화된 준거에 대응하는 능력
      수준(cut-off ability level)에서 중간 진점수(mid-tre score)를
      가지며 그 부분에서 가능한 한 급경사를 이루어야 한다.
   b. 검사정보함수는 준거로 설정한 능력수준에서 최대값을 가져
      야 한다.
   c. 문항난이도 모수치들은 준거로 설정한 능력수준 주위에 가깝
      게 밀집되어야 한다. 최상의 경우는 모든 문항의 난이도가 그
      준거점(cut-off point)에 있고 문항변별도가 클 때이다. 그러나
      문제은행이 동일한 문항난이도를 갖는 무수한 문항들을 포함
      할 수 없으므로 최상의 경우를 이루지 못 할 수 있다. 만약 문항
      을 선택하여야 한다면 준거점에서 최대정보 양을 산출하는 문
      항을 선택하여야 한다.

2. 규준참조검사
   a. 바람직한 검사특성곡선은 전체 능력범위의 중간점과 일치하는
      능력수준에서 중간 진점수를 갖는다. 일반적으로 능력수준이
      0이 된다. 규준참조검사를 위한 검사특성곡선은 대부분의 능
      력범위에 걸쳐 선형(linear)을 이룬다.
   b. 바람직한 검사정보함수는 가능한 한 가장 넓은 능력범위에서
      수평적이고, 정보의 양은 가능한 한 커야 한다.

c. 문항난이도는 모든 능력범위에 균일하게 퍼져 있어야 한다. 수평형 형태의 검사정보함수와 정보의 최대량 사이에 갈등이 있다. 수평형 형태의 검사정보를 얻기 위하여 적절한 수준이나 낮은 수준의 변별력을 가진 문항이 요구된다. 그러나 그러한 문항들은 낮은 수준의 검사정보를 갖게 하고 전체적으로 능력추정의 정확성을 낮추는 결과를 가져오게 한다.

3. 돌출형 검사(peaked test)

a. 바람직한 검사특성곡선은 관심 있는 특정 능력범위의 중간에 있는 능력수준에서 중간 진점수를 갖는다. 검사특성곡선은 그 능력수준에서 적절한 기울기를 가져야 한다.

b. 바람직한 검사정보함수는 검사특성곡선의 중간 진점수처럼 중간 진점수에 대응하는 능력수준에서 최대의 정보를 가져야 한다. 검사정보함수는 가장 관심이 되는 특정 능력범위에 한해서 둥그런 형태를 유지해야 한다.

c. 문항난이도는 관심 있는 특정 능력범위의 중간지점에 밀집되어 있어야 한다. 그러나 준거참조검사처럼 매우 조밀하게 모여 있어야 한다는 것은 아니다. 문항변별도 모수치들은 커야 하며, 관심 있는 특정 능력범위 내의 난이도를 가진 문항들은 이 능력범위 밖의 난이도를 가진 문항들보다 더 큰 변별력을 가져야 한다.

4. 문항특성곡선의 역할

   a. Rasch모형, 즉 1−모수 로지스틱 문항반응모형은 문항변별도 모수치들이 1.0으로 고정되어 있기 때문에 문항정보의 최대량을 얻기에 제한점을 가지고 있다. $P_i(\theta)=.5$ 일 때 $P_i(\theta)\,Q_i(\theta)$ $=.25$이므로 문항정보의 최대량은 .25이다. 그러므로 Rasch모형을 이용한 검사정보의 이론적 최대량은 문항 수의 .25배이다.

   b. 3−모수 문항반응모형은 추측모수의 존재 때문에 검사특성곡선이 보다 직선적이며, 같은 문항난이도와 문항변별도를 가지고 있다 하여도 2−모수 문항반응모형에 의한 검사정보함수보다 일반적으로 낮은 수준을 가진 검사정보함수를 갖는다. 문항난이도와 문항변별도가 같을 때, 2−모수모형에 의한 검사정보 함수는 3−모수모형에 의한 검사정보함수의 상한계가 된다.

   c. 검사목적을 위하여 2−모수모형이 바람직하다.

5. 문항 수의 역할

   a. 만약 문항모수치들의 분포가 같다면 문항 수가 증가하더라도 검사특성곡선의 일반적 형태에는 거의 영향을 주지 않는다.

   b. 검사의 문항 수가 증가하면 검사정보 함수의 수준이 증가한다. 가장 바람직한 경우는 검사가 높은 문항변별력을 가진 문항들로 짜여져 있으며, 문항난이도의 분포가 검사의 목적과 부합할 때이다.

128

c. 문항모수치들, 즉 문항변별도와 문항난이도를 합성하는 방법
은 검사제작에서 매우 중요한 문제이다. 예를 들어, 높은 변별
력을 가진 문항이라 할지라도 문항의 난이도가 검사의 관심이
되는 능력범위에 있지 않으면 이 문항은 검사정보함수에는 물
론 검사특성곡선의 기울기에 영향을 거의 주지 않는다. 검사제
작자는 검사특성곡선과 검사정보함수에 대한 문항의 기여를
확인하기 위하여 문항특성곡선과 문항정보함수가 보여 주는
것들을 충분히 이해하여야 한다.

8. 문항과 능력모수치 추정을 위한 컴퓨터 프로그램

　제3장과 제5장에서 최대우도 추정법에 의하여 문항특성과 피험자 능력을 추정하는 방법을 간단한 계산 절차를 통하여 개념적 수준에서 설명하였다. 개념적 수준이라 할지라도 문항특성과 피험자 능력을 추정하기 위하여 반복추정을 하여야 하므로 계산 절차가 간단하지 않음을 알 수 있다. 문항모수치와 능력모수치를 추정하는 최대우도 추정법은 수학적으로 복잡하며 모수들의 추정치를 얻기 위하여 복잡하고 지루한 계산 절차를 거쳐야 한다. 이러한 이유들이 문항반응이론이 고전검사이론에 비하여 많은 장점을 가지고 있음에도 불구하고 이론의 실용화를 지연시켜 왔다. 컴퓨터공학(computer technology)의 발전, 특히 개인 컴퓨터(personal computer)의 용량 확대와 보편화에 힘입어, 문항반응이론은 교육측정(educational measurement)과 심리측정(psychological measurement) 분야에 널리 쓰이고 있다.

　문항반응이론에 의하여 문항과 능력 모수를 추정하는 프로그램으로는 문항반응이론가에 의하여 제작된 공개되지 않은 컴퓨터 프로그램이 다수 있다. 그러나 BICAL, LOGIST, BILOG, BILOG－MG, SPSS

130

Statistics 프로그램 등은 공개되어 널이 사용되고 있다. BICAL은 Rasch모형, 즉 1-모수 로지스틱모형에 의하여 문항과 능력의 모수치를 추정하는 프로그램은 Wright와 Mead(1976)에 의하여 만들어졌다. BICAL에 의하여 추정된 문항모수 추정치는 제3장에서 설명한 것과 같이 문항변별도가 1.0으로 고정되어 있기 때문에 실제의 문항응답자료와 부합하지 않는 문제점을 가지고 있다.

Wood, Wingersky, Lord(1976)는 rinbaum(1968)이 제안한 3-모수 로지스틱모형과 결합최대우도 추정법(joint maximum likelihood estimation: JMLE)을 알고리즘(algorithm)으로 하여 문항과 능력의 모수를 추정하는 LOGIST 프로그램을 발표하였다. LOGIST 프로그램은 3-모수 로지스틱모형은 물론 2-모수 로지스틱모형, 1-모수 로지스틱모형에 의한 문항특성 추정이 가능하다. 결합최대우도 추정법의 문제점은 문항특성추정에서 모든 피험자가 답을 맞힌 문항이나 아무도 답을 맞히지 못한 문항의 모수치를 추정하지 못하며, 피험자의 능력추정에서 모든 문항을 맞힌 피험자나 한 문항도 맞히지 못한 피험자의 능력을 추정하지 못한다.

보다 정확하게 능력과 문항의 모수치를 추정하고 결합최대우도 추정법의 문제점을 해결하는 주변최대우도 추정법(marginal maximum likelihood estimation: MMLE)이 제안되면서 주변최대우도 추정법에 의하여 문항과 능력의 모수치를 추정할 수 있는 BILOG 프로그램이 Mislevy와 Bock(1982, 1984, 1986)에 의하여 발표되었고, 이를 확장하여 Zimowski, Muraki, Mislevy와 Bock(2003)이 BILOG-MG 프로그램을 개발하였다. BICAL, LOGIST 프로그램은 1970년대에 문항반응이론을 소개하고 실용화하는 데 지대한 공헌을 하였으나, 컴퓨터 기술의 발전을 바탕으로 보다 정교한 프로그램들이 개발되면서 그 수요가 점진적으로 줄어들었다. 또한

BIGAL 프로그램은 Rasch모형에 국한되고, 이론적 제한점과 LOGIST 와 BILOG 프로그램에 의해서도 1−모수 로지스틱모형에 의한 문항모 수 추정이 가능하여, 미래지향적 프로그램이 아니라는 점에서 프로그램 소개를 생략한다.

제8장에서는 문항반응이론에 의하여 문항과 능력 모수치를 추정하는 프로그램의 역사적 의미에서 LOGIST 프로그램을 소개하고, 특정한 문 항반응모형에 국한되지 않고 현재 보편적으로 널리 사용되고 있는 BILOG−MG, SPSS Statistics 프로그램을 간단히 설명한다.

LOGIST 프로그램

LOGIST 프로그램의 알고리즘은 Birnbaum(1968)이 제안한 3−모수 로지스틱 문항반응모형에 의한 결합최대우도 추정법(joint maximum likelihood estimation)이다. LOGIST 프로그램은 미국의 Educational Testing Service의 Wood, Wingersky, Lord(1976)에 의하여 Fortran 언 어로 쓰여져서 LOGIST 4로 발표되었다. 그 후 Wingersky, Barton, Lord(1882)에 의하여 수정·보완된 LOGIST 5, Version 1.0이 발표되 어 널리 사용되고 있다. 불행하게도 LOGIST 프로그램은 사용설명서마 저 쉽게 쓰여 있지 않아서 초보자가 LOGIST 프로그램을 사용하기가 쉽 지 않다. Hambletone이 편집한 『Applications of Item Response Theory』에서 Wingersky가 쓴 제3장을 참조하면 LOGIST 프로그램에 대한 이해를 도울 수 있다.

LOGIST 프로그램은 1−모수 로지스틱, 2−모수 로지스틱, 3−모수 로지스틱모형에 의하여 문항특성과 피험자 능력을 추정할 수 있으며, 제 3장과 제5장에서 설명한 바와 같이 문항모수를 고정시키고 피험자 능력을 추정하며, 그다음 단계에서는 피험자의 능력을 고정시키고 문항모수를 추정한다. 문항특성과 능력을 추정하는 것은 네 단계를 거친다.

문항을 추정하는 절차에서 반복추정을 하게 되므로 반복 횟수에 따른 계산 시간을 절약하기 위하여 문항변별도의 추정초기값은 1단계에서 추정된 문항변별도들의 중앙값이 부여되며, 문항추측도도 같은 원리를 따른다. 문항추정을 위하여 프로그램에 많은 자유선택 조항이 있어 문항모수치 추정을 위한 임의의 추정초기값, 반복추정 횟수, 모수치 추정 수렴값 등을 부여할 수 있다. 문항의 특성을 추정할 때 피험자 전원이 답을 맞힌 문항이거나, 어느 누구도 답을 맞히지 못한 문항은 문항의 모수치 추정에서 제거된다. 문항분석 결과는 각 문항의 문항변별도, 문항난이도, 문항추측도의 추정치와 추정에 따른 추정의 표준오차와 응답이 생략되거나 도달하지 못한 피험자 수 그리고 고전검사이론에 의한 문항난이도의 정보를 제공한다. 피험자의 능력은 결합최대우도 추정법(joint maximum likelihood estimation)에 의하여 추정되며, 모든 문항의 답을 맞힌 피험자나 하나의 문항도 맞히지 못한 피험자의 능력은 ****로 표시된다. LOGIST 프로그램은 대형 컴퓨터에 맞게 쓰였기 때문에 개인 컴퓨터에서는 사용할 수 없다.

LOGIST 프로그램과 BILOG 프로그램을 이용하여 문항과 능력모수치 추정의 정확성을 비교한 다수의 연구가 있다. Mislevy와 Stocking (1989)은 문항 수가 적고 피험자 수도 적을 때는 BILOG 프로그램이 보다 정확하게 문항과 능력을 추정하고, 긴 검사와 많은 피험자가 있을 때는 두 프로그램 모두 유사하게 추정하며, BILOG 프로그램을 사용하여

문항과 능력의 모수치를 추정할 때 더 많은 계산 시간과 그에 따른 비용
이 더 든다고 밝히고 있다. 앞의 연구가 절충식 결론을 유도하고 있는 듯
하나, BILOG 프로그램이 LOGIST 프로그램보다 미래지향적이다. 주
의해야 할 점은 문항반응이론을 이용하여 문항분석과 피험자 능력을 추
정할 때 짧은 검사와 소수의 피험자에 의한 추정은 정확하지 않음을 알아
야 한다. Hulin, Lissak, Drasgrow(1982)는 2-모수 로지스틱모형을 위
하여 30문항의 500명의 문항반응자료, 3-모수 로지스틱모형을 위하여
30문항의 1,000명 혹은 60문항의 500명의 문항반응자료가 요구된다고
밝히고 있다. 그러나 주변최대우도 추정법에 의한 문항과 능력의 모수치
를 추정할 때는 이보다 적은 문항응답자료를 가지고 문항과 능력모수의
추정이 가능하다.

BILOG-MG 프로그램

　BILOG-MG는 BILOG 프로그램의 확장 버전으로, 이분문항자료
(dichotomous item response data)에 대한 문항반응모형의 모수 추정에 사
용할 수 있도록 Zimowski, Muraki, Mislevy와 Bock(2003)이 개발하였
다. 이전 버전인 BILOG와 구별되는 가장 큰 특징은 프로그램의 이름에
포함된 약자인 'MG(multiple group)'에서 알 수 있듯이 다중집단자료에
대한 문항분석이 가능하다는 점이다. BILOG-MG에 대한 구체적인 설
명에 앞서, 이전 버전인 BILOG(Mislevy & Bock, 1982, 1984, 1986)의 개
발 배경 및 특징에 대해 간략하게 설명한다.
　BILOG가 개발되기 이전 널리 사용되던 LOGIST 프로그램에서 구현
된 결합최대우도 추정법은 문항과 능력의 모수치를 추정하는 데 있어 피

험자 수를 증가시키면 문항모수 추정치의 변화를 가져오는 문제점을 안고 있다. 이 문제를 해결하기 위하여 Bock과 Lieberman(1972)이 베이지안 이론을 이용하여 주변최대우도 추정법(marginal maximum likelihood estimation)을 제안하였으며, 주변최대우도 추정법이 가지고 있는 계산상의 복잡함을 Bock와 Aitkin(1981)이 EM 알고리즘을 변화시켜 주변최대우도 추정법에 의하여 문항과 능력을 추정할 수 있게 실용화하였다.

Bock와 Aitkin에 의한 방법을 MMLE/EM 방법이라 하며, MMLE/EM 방법을 알고리즘으로 하여 Mislevy와 Bock(1982, 1984, 1986)이 BILOG 프로그램을 제작 · 발표하였다. 결합최대우도 추정법과 주변최대우도 추정법의 큰 차이는 주변최대우도 추정법은 문항모수치 추정을 위하여 피험자들의 사전능력분포를 알아야 한다는 것이다. 두 방법의 차이를 구체적으로 이해하기 위하여서는 Hambleton과 Swaminathan(1984)의 저서나 Mislevy와 Stocking(1989)의 논문을 참조하라. MMLE/EM에 의한 BILOG 프로그램은 결합최대우도 추정법에 의한 LOGIST 프로그램보다 문항특성과 피험자능력을 보다 정확하게 추정하며, 모든 피험자가 답을 맞힌 문항이나 한 명도 답을 맞히지 못한 문항의 모수치를 추정할 수 있으며, 답을 모두 맞힌 피험자나 한 문항의 답도 맞히지 못한 피험자의 능력도 추정할 수 있다.

주변최대우도 추정법을 이용한 BILOG 프로그램이 LOGIST에 비하여 큰 장점이 있다면 피험자 능력의 사전 정보, 즉 피험자 사전능력 분포(prior ability distribution)의 형태를 정확히 제시하면 문항과 능력의 모수치를 보다 정확하게 추정할 수 있다는 것이다. 피험자 사전능력분포에 대한 정보를 가지고 있지 않으면 프로그램에 미리 선정되어 있는 정규분포를 그대로 두는 것이 바람직하다.

BILOG-MG는 기존 버전인 BILOG 프로그램의 기본적인 특징은 그대로 유지하면서 유용한 기능들이 새롭게 추가되었으며, 가장 큰 특징은 각기 다른 피험자의 잠재특성과 수준을 고려하는 다중집단의 문항자료까지 분석이 가능하다는 점이라 할 수 있다. 다시 말해, 피험자의 특성, 배경 변인, 학교 집단 구성 등에 따라 가정될 수 있는 하나 이상의 피험자 모집단에 대하여 다중집단 문항반응이론(multiple-group IRT)을 적용하여 보다 정확한 문항 및 능력 추정치를 제공한다.

BILOG-MG 프로그램의 특징은 다음과 같이 요약할 수 있다(Zimowski et al., 2003, pp. 33-34). 문항의 모수치를 추정할 때 정규 오자이브모형 또는 로지스틱모형을 선택할 수 있으며, 그에 따른 1-모수, 2-모수, 3-모수 모형에 의하여 문항의 모수치를 추정할 수 있고, 문항모수 추정의 표준오차도 계산한다. 추정된 문항모수에 의한 문항특성곡선의 적합도 지수도 산출한다. 문항정보함수는 물론 검사정보함수도 제공하며, 정보함수들의 그래프도 제시한다. 부수적으로 고전검사이론에 의한 문항난이도와 문항변별도도 제공한다. 이 외에도 차별기능문항(differential item functioning) 분석 등 초기 BILOG 프로그램에 포함되지 않았던 새로운 기능들을 추가적으로 제공하고 있다.

BILOG-MG 프로그램의 특징과 사용 방법에 관한 보다 구체적인 설명은 Zimowski 등(2003)의 프로그램 사용설명서와 성태제(2016)를 참고하기 바란다. 특히 초보자는 BILOG-MG 사용설명서에 있는 프로그램 예시와 그에 따른 결과를 이해한 후에 문항과 능력추정방법에 따른 각 조항을 변화시켜 문항과 능력을 추정하기 바란다. 프로그램 자체에 문항과 능력을 추정하기 위하여 많이 사용되는 방법들을 default로 선정하였기에 BILOG-MG 프로그램 시행의 첫 번째 예를 참고하여 프로그램을 작성하는 것이 초보자에게는 가장 바람직하다.

SPSS Statistics 프로그램

IBM SPSS Statistics 프로그램에서도 문항반응이론에 의해서 문항분석과 피험자 능력을 추정할 수 있게 하였다. 특히 메뉴와 대화상자를 통해 1-모수, 2-모수 로지스틱모형에 의하여 문항의 난이도와 변별도를 분석하고 피험자의 능력 추정할 수 있다. 또한 문항특성곡선과 문항정보함수 곡선을 그려 주며, 검사정보함수, 진점수 등을 계산할 수 있다.

자료입력은 SPSS Statistics 프로그램의 자료 입력기에 의하여 *sav 파일을 생성할 수 있으며, 결과파일은 통계분석 결과와 같이 *spv파일로 저장된다. 모든 절차는 통계 프로그램을 이용하여 자료를 분석하는 절차와 동일하다. 다만, 1-모수 로지스틱모형에 의하여 문항을 분석하거나 피험자 능력을 추정하기 위해서는 추가적으로 SPSS 확장번들(SPSSINC_Rasch.spe)의 설치가 필요하고, 2-모수 로지스틱모형의 실행을 위해서는 KoreaPlus23을 설치하여야 한다. 자료입력과 분석 실행, 그리고 결과해석 등은 성태제(2016)를 참고하라.

참고문헌

성태제(2016). 문항반응이론의 이해와 적용(2판). 경기: 교육과학사.
이종성(1990역). 문항반응이론과 적용. 서울: 대광문화사.

Baker, F. B. (1985). *The Basic of Item Response Theory*. Portsmouth, NH: Heinemann.

Birnbaum, A. (1968). Some latent trait models and their use in inferring an examinee's ability. In F. M. Lord & M.R. Novick (Eds.), *Statistical Theories of Mental Test Scores*. Reading, MA: Addison-Wesley.

Bock, R. D., & Aitkin, M. (1981). Marginal maximum likelihood estimation of item parameters: An application of an EM algorithm. *Psychometrika, 46*, 443–459.

Bock, R. D., & Lieberman, M. (1970). Fitting response model for n dichotomously scored items. *Psychometrika, 35*, 179–197.

Haley, D. C. (1952). *Eastimation of the dosage mortality relationship when the close is subject to error* (Technical Report No. 15). Stanford CA: Stanford University. Applied Mathematics and Statistics Laboratory.

Hambleton, R. K., & Swaminathan, H. (1984). *Item Response Theory: Principles and Applications*. Boston: Kluwer Nijhoff.

Hulin, C., Drasgow, F., & Poissons, C. K. (1982). *Item Response Theory: Application to Psychological Measurement*. New York: Dorsey.

Hulin, C. L., Lissak, R. I., & Drasgow, F. (1982). Recovery of two-and three-parameter logistic item characteristic curves: A monte carlo study. *Applied Psychological Measurement, 6*, 249–260.

Lawley, D. N. (1943). On problems connected with item selection and test construction. *Proceedings of the Royal Society of Edinburgh, 6*, 273–287.

Lord, F. (1980). *Application of Item Response Theory to Pratical Testing Problems*. Hillsdale, NJ: Erlbaum.

Lord, F. M., & Novick, M, R. (1968). *Statistial Theories of Mental Test Scores*. Reading, MA: Addison-Wesley.

138

Mislevy, R. J., & Bock, R. D. (1982). *BILOG: Maximum likelihood item analysis and test scoring with logistic models for binary items.* International Educational Service.

Mislevy, R. J., & Bock, R. D. (1984). *BILOG I Maximum likelihood item analysis and test scoring: Logistic model.* Mooresville, IN: Scientific Software.

Mislevy, R. J., & Bock, R. D. (1986). *PC−BILOG: Item analysis and test scoring with binary logistic models* [Computer program]. Mooresville, IN: Scientific Software.

Mislevy, R. J., & Stocking, M. L. (1989). A consumer's guide to LOGIST and BILOG. *Applied Psychological Measurement, 13.* 57−75.

Seong, T. (1990). Sensitivity of marginal maximum likelihood estimation of item and ability parameters to the characteristics of the prior ability distribution. *Applied Psychological Measurement, 14.* 299−311.

Wingersky, M. S. (1983). LOGIST: A program for computing maximum likelihood procedures for logistics test models. In R. K. Hambleton (Ed.), *Application of item response theory.* Vancouver BC: Educational Research Institute of British Cilumbia, 45−56.

Wingersky, M. S., Barton, M. A., & Lord, F. M. (1982). *LOGIST User's Guide. LOGIST 5, version 1.0.* Princeton, NJ: Educational Testing Service.

Wood, R. L., Wingersky, M. S., & Lord, F. M. (1976). *LOGIST: A Computer Program for Estimating Examinee Ability and Item Characteristic Curve Parameters.* Princeton, NJ: Educational Testing Service.

Wright, B. D., & Mead, R. J. (1976). *BICAL: Calibrating Items with the Rasch Model.* Research Memorandum No. 23. Statistical Laboratory, Department of Education, University of Chicago.

Wright, B. D., & Stone, M. A. (1979). *Best Test Design.* Chicago: MESA press.

Zimowsk, M. F., Murak, E., Mislevy, R. J., & Bock, R. D. (2003). BILOB−MQ (computer software). Lincolnwood, IL: Scicntitic Software International.

찾아보기

저자 소개

■ 성태제(Seong, Taeje)

고려대학교 사범대학 교육학과
Univ. of Wisconsin-Madison 대학원 M.S.
Univ. of Wisconsin-Madison 대학원 Ph.D.
Univ. of Wisconsin-Madison Laboratory of Experimental
    Design Consultant
이화여자대학교 교육학과 교수
이화여자대학교 사범대학 교육학과장
대학수학능력시험 평가부위원장
이화여자대학교 입학처장
입학처장협의회 회장
이화여자대학교 교무처장
한국교육평가학회 회장
정부업무평가위원
경제 · 인문사회연구회 기획평가위원장/연구기관 평가단장
MARQUIS 『Who's who』 세계인명사전 등재(2008~현재)
홍조근정 훈장 수훈
한국대학교육협의회 사무총장
한국교육과정평가원장
육군사관학교 자문위원

E-mail: tjseong@ewha.ac.kr
Homepage: http://home.ewha.ac.kr/~tjse●

● 저서 및 역서
문항반응이론 입문(양서원, 1991)
현대 기초통계학의 이해와 적용
   (양서원, 1995; 교육과학사, 2001, 2007; 학지사, 2011, 2014, 2019)
타당도와 신뢰도(학지사, 1995, 2002)
문항제작의 이론과 실제(학지사, 1996, 2004)
교육연구방법의 이해(학지사, 1998, 2005, 2015, 2016)
문항반응이론의 이해와 적용(교육과학사, 2001, 2016)
현대교육평가(학지사, 2002, 2005, 2010, 2014, 2019)
수행평가의 이론과 실제(이대출판부, 2003, 공저)
연구방법론(학지사, 2006, 2014, 공저)
SPSS/AMOS를 이용한 알기 쉬운 통계분석(학지사, 2007, 2014, 2019)
최신교육학개론(학지사, 2007, 2012, 2018, 공저)
교육평가의 기초(학지사, 2009, 2012, 2019)
한국교육, 어디로 가야 하나?(푸른역사, 2010, 공저)
준거설정(학지사, 2011, 번역)
2020 한국초 · 중등교육의 향방과 과제(학지사, 2013, 공저)
교육단상(학지사, 2015)
교수 · 학습과 하나 되는 형성평가(학지사, 2015, 공저)
실험설계분석(학지사, 2018)

문항반응이론 입문
Introduction Item Response Theory

1991년 5월 15일 1판 1쇄 발행
2019년 7월 30일 2판 1쇄 발행

지은이 • F. B. Baker
옮긴이 • 성태제
펴낸이 • 김진환
펴낸곳 • (주) **학지사**
　　　　04031 서울특별시 마포구 양화로 15길 20 마인드월드빌딩
대표전화 • 02)330-5114　　　팩스 • 02)324-2345
등록번호 • 제313-2006-000265호

홈페이지 • http://www.hakjisa.co.kr
페이스북 • https://www.facebook.com/hakjisa

ISBN 978-89-997-1846-5 93310

정가 13,000원

이 도서의 국립중앙도서관 출판시도서목록(CIP)은 서지정보유통지원
시스템 홈페이지(http://seoji.nl.go.kr)와 국가자료공동목록시스템
(http://www.nl.go.kr/kolisnet)에서 이용하실 수 있습니다.
(CIP제어번호: CIP2019002939)

출판 · 교육 · 미디어기업 **학지사**

간호보건의학출판 **학지사메디컬** www.hakjisamd.co.kr
심리검사연구소 **인싸이트** www.inpsyt.co.kr
학술논문서비스 **뉴논문** www.newnonmun.com
원격교육연수원 **카운피아** www.counpia.com